本书获得以下项目资助：黄河流域河南段土壤污染高光谱监测研究（242102320241）、中原煤粮主产复合区耕地采动损毁机制及协同防治（U21A20109）

经济管理学术文库·管理类

高标准基本农田建设区域
土壤属性高光谱反演

Hyperspectral Inversion of Soil Properties in
Well-facilitied Capital Farmland Construction Areas

张秋霞／著

U0234645

经济管理出版社
ECONOMY & MANAGEMENT PUBLISHING HOUSE

图书在版编目（CIP）数据

高标准基本农田建设区域土壤属性高光谱反演 ／ 张秋霞著. —— 北京：经济管理出版社，2024. —— ISBN 978-7-5096-9843-3

Ⅰ. S151.9；S127

中国国家版本馆 CIP 数据核字第 2024K6E248 号

组稿编辑：王　慧
责任编辑：杨　雪
助理编辑：王　慧
责任印制：许　艳
责任校对：蔡晓臻

出版发行：经济管理出版社
　　　　　（北京市海淀区北蜂窝 8 号中雅大厦 A 座 11 层　100038）
网　　址：www. E-mp. com. cn
电　　话：（010）51915602
印　　刷：唐山玺诚印务有限公司
经　　销：新华书店
开　　本：720mm×1000mm/16
印　　张：12. 5
字　　数：231 千字
版　　次：2024 年 9 月第 1 版　　2024 年 9 月第 1 次印刷
书　　号：ISBN　978-7-5096-9843-3
定　　价：88. 00 元

前　言

　　高标准基本农田建设是增强粮食安全保障能力、加快新型农业现代化推进的重要举措。在高标准基本农田建设过程中，快速、准确地获取土壤基础信息，是高标准基本农田建设的基础，也是现代化农业发展的关键。高光谱遥感作为当前遥感领域的前沿技术，具有波段多且连续、分辨率高等优势，能够用来探测土壤属性的细微差异，为快速高效地获取土壤基础信息提供了技术支持。因此，应用高光谱遥感技术开展土壤属性反演研究，可以为实现高标准基本农田建设提供数据基础与技术支持，为探索高标准基本农田建设区域项目区优选决策与建设提供参考，推进高标准基本农田建设的实施。

　　本书以新郑市高标准基本农田建设区域土壤属性为研究对象，采用野外采样与室内高光谱测定（350nm～2500nm）相结合的方式，遴选出六种光谱变换下11种土壤属性的最佳光谱特征波段，构建基于偏最小二乘法（PLSR）的新郑市高标准基本农田建设区域土壤属性的高光谱单指标反演模型；遴选出六种光谱变换下的土壤属性共用的最佳光谱特征波段，构建基于面板数据模型的新郑市高标准基本农田建设区域土壤属性的高光谱综合反演模型；对比分析模型检验精度，选取新郑市高标准基本农田建设区域土壤属性的最佳反演模型；提出适宜新郑市高标准基本农田建设的建议标准，进行新郑市高标准基本农田建设区域优选研究。主要研究结果为：

　　第一，选取了六种光谱变换下的土壤属性的最佳光谱特征波段。对 Savitzky-Golay 卷积平滑光谱反射率进行多元散射校正（MSC）、倒数对数（LOG）、一阶微分（FD）、二阶微分（SD）和去包络线（CR）等光谱变换，在六种光谱变换与土壤 pH 值、有机质（SOM）、碱解氮（AN）、速效磷（AP）、速效钾（AK）、铁（Fe）、铬（Cr）、镉（Cd）、锌（Zn）、铜（Cu）、铅（Pb）相关性分析的基础上，筛选 $P=0.01$ 水平上显著性检验的波段作为最佳光谱特征波段；在相关性分析基础上，采用模糊聚类最大树法，分别选取六种光谱变换下的 11 种土壤属性共用的最佳光谱特征波段。

第二，通过与偏最小二乘模型对比，构建了可同时综合反演多种土壤属性且精度较高的面板数据模型。基于偏最小二乘法，以六种光谱变换的最佳光谱特征波段为自变量，构建新郑市高标准基本农田建设区域的土壤属性单指标反演模型；基于面板数据模型，以六种光谱变换的共用的最佳光谱特征波段作为自变量，构建新郑市高标准基本农田建设区域土壤属性的综合反演模型。对比面板数据模型和 PLSR 模型的预测结果及精度，两种模型对土壤属性的预测均达到了较高的精度，但面板数据模型具备同时综合反演土壤 pH 值、SOM、AN、AP、AK、Fe、Cr、Cd、Zn、Cu、Pb 共 11 种土壤属性的能力，且检验精度更高。

第三，运用提出的关于土壤属性的新郑市高标准基本农田建设的建议标准，对新郑市高标准基本农田建设区域优选进行了研究。参考高标准基本农田建设国家标准和河南省地方政策标准，提出了新郑市高标准基本农田建设中土壤属性的建议标准；根据构建的新郑市高标准基本农田建设区域土壤属性的最佳反演模型，分析土壤属性最佳反演值空间分布，根据模糊线性隶属函数和主成分法构建了土壤属性综合评价模型，新郑市高标准基本农田建设区域土壤质量呈现南高北低的趋势，划分Ⅰ级区域面积为 16953.7253 公顷，占基本农田面积的 45.72%，Ⅱ级区域面积为 15231.73378 公顷，占基本农田面积的 41.07%，Ⅲ级区域面积为 4899.7844 公顷，占基本农田面积的 13.21%，对比实测值分区结果验证了高光谱反演模型可以用于新郑市高标准基本农田建设区域优选；制约新郑市高标准基本农田建设区域的主要因素为土壤酸碱度、土壤速效钾含量以及土壤重金属污染，以此提出了新郑市高标准基本农田建设的对策建议。

目　录

1 引言

1.1 研究背景及意义

当前，粮食生产核心区建设已纳入国家粮食战略工程，河南省作为粮食生产核心区的最重要组成部分，正处于推进"四化协调，科学发展"的关键时期，农业是实现现代化的基础，必须加快转变农业发展方式，提高农业质量效益和竞争力，走产出高效、产品安全、资源节约、环境友好的农业现代化道路。然而，河南人多地少、耕地后备资源严重不足、耕地质量总体不高，已成为制约河南农业可持续发展的重要瓶颈。因此，加强高标准基本农田建设对于落实国家战略，促进农业生产意义重大。

2012 年实施的《高标准基本农田建设标准》中明确提出，"坚持数量、质量、生态并重，确保基本农田数量稳定、质量提高，促进农村地区景观优化、生态良好"，"增加高标准基本农田面积，提升耕地质量"，"加强生态环境建设，发挥生产、生态、景观的综合功能"，"建成后的耕地质量等别达到所在县的较高等别"等要求，说明高标准基本农田作为耕地的精华部分，要求耕地数量稳定、质量提高、生态良好。2016 年 3 月 16 日，第十二届全国人民代表大会第四次会议通过的《中华人民共和国国民经济和社会发展第十三个五年规划纲要》，即"十三五"规划，要求"全面划定永久基本农田"，"大规模推进农田水利、土地整治、中低产田改造和高标准农田建设"。2021 年 11 月 12 日，国务院印发的《"十四五"推进农业农村现代化规划》中指出："推进高标准农田建设。实施新一轮高标准农田建设规划。高标准农田全部上图入库并衔接国土空间规划'一张图'。加大农业水利设施建设力度，因地制宜推进高效节水灌溉建设，支持已建高标准农田改造提升。" 2023 年底召开的中央农村工作会议指出，要加大高标准农田建设投入和管护力度，确保耕地数量有保障、质量有提升。深入推进高标准农田建设，是贯彻落实"藏粮于地、藏粮于技"战略，提高粮食综合生产能力的重要举措，为保障国家粮食安全、全面推进乡村振兴和农业高质量发展提供坚实支撑。通过不断改善农田基础设施条件和农业生态环境，切实提高建设标准和质量，可以确保实现集中连片、节水高效、生态友好、旱涝保收、高产稳产的高标准农田建设目标。但在建设高标准基本农田的过程中，大多重点强调对土地平整，道路、沟渠与其他工程的配套设施提高，忽略了对土壤结构、土壤养分、土地污染等土壤质量空间分布差异的分析（王增刚，2013）。因此，依附于高标准基本农田建设，分析并显示土壤质量、生态等的空间分布差异，具有极大的重要性和迫切性。

近年来，随着遥感技术的快速发展，以及遥感在监测土壤有机质、水分、土地利用变化、植被指数等方面的成功运用，基于室内和野外的高光谱遥感对土壤的光谱特性的研究取得了较快发展。遥感技术提供多源、多时相的遥感数据，利用定量遥感反演技术手段，对土壤各项指标及其相互关系进行综合分析，为实现土壤属性参数的定量反演奠定了理论基础和技术保障，从根本上改变了费时、费力的传统土壤调查评价，节省了人力、物力，提高了工作效率，并且保证了土壤调查评价的效果和精度。土壤光谱是各种土壤属性的综合反映，土壤光谱分析技术具有分析速度快、成本低、无危险、无破坏、可同时反演多种成分等特点，为土壤属性的研究提供了新的技术手段与方法，为实现高标准基本农田建设提供数据基础与技术支持。

因此，本书依附于高标准基本农田建设，以新郑市高标准基本农田建设区域为研究对象，旨在借助高光谱遥感反演技术，以高光谱土壤属性信息的获取为中心，进行定量反演分析；提出关于土壤属性的新郑市高标准基本农田建设的建议标准，对土壤属性进行空间插值和高标准基本农田建设区域优选，从而监测研究区域土壤属性是否达到新郑市高标准基本农田建设标准，并力争寻求提高土壤养分和生态管理的方法措施，为土壤信息化管理和资源评价提供重要的依据，为探索高标准基本农田建设区域项目区优选提供参考。

1.2 国内外研究现状

1.2.1 高标准基本农田相关理论及研究现状

我国土地整治经过十多年的发展，取得了显著的成效，但随着工业化、信息化、城镇化、农业现代化进程的不断加快,保障发展、保护资源成为迫切需要破解的难题,这对土地整治工作提出了更高的要求。今后相当长一段时间内,建设高产稳产基本农田已成为土地整治的重要任务。因此,开展对高标准基本农田建设的研究,不仅对于增强我国粮食安全保障能力、加快我国农业现代化发展和增加农民收入有重要意义,还对深化和扩展耕地数量、质量和生态全面管护内涵等具有重要意义。

1.2.1.1 基本农田

1963 年,我国首次提出"基本农田"的概念,解释为"旱涝保收、产量较高的耕地",目的是通过土地规划对其进行保护和合理布局研究,随着农用地保护的研究深化,基本农田的内涵不断丰富。《高标准基本农田建设标准》(TD/T 1033-2012)指出,基本农田是指按照一定时期人口和社会经济发展对农产品的需求,依据土地利用总体规划确定的不得占用的耕地。2016 年 8 月 4 日,国土资源部、农业部联合发布《关于全面划定永久基本农田实行特殊保护的通知》,明确了永久基本农田划定的基本原则和目标任务:依法依规、规范划定,统筹规划、协调推进,保护优先、优化布局,优进劣出、提升质量,特殊保护、管住管好,实现上图入库、落地到户,确保划足、划优、划实,实现定量、定质、定位、定责保护,划准、管住、建好、守牢永久基本农田。《全国国土规划纲要(2016—2030年)》要求严守耕地保护"红线",坚持耕地质量数量生态并重,划定永久基本农田并加以严格保护,2020 年和 2030 年永久基本农田保护面积不低于 15.46 亿亩(1.03 亿公顷),保障粮食综合生产能力 5500 亿公斤以上,确保谷物基本自给。

1.2.1.2 高标准基本农田

我国的农田整治始于 20 世纪初,以借鉴苏联土地整理经验为主,开展了以"田、水、路、林、村"为主的土地综合整治,以防治水土流失、土地沙化为主的技术研究,建立了一批示范工程。

近年来,随着政策支持和资金投入力度的增加,我国农田基础设施条件不断改善,农业综合生产能力出现明显提高,但仍然受到人口持续增长、消费结构升级、资源环境约束趋紧等多方面因素的影响,农产品需求刚性增长,供求总量趋紧,结构性矛盾凸显,使高标准基本农田建设逐渐受到国家重视。国土资源部、农业部、水利部及部分省份发布的农田建设有关指导性标准,对建设工程规划设计、施工和管理等进行了规定。尤其自 2008 年以来,多次强调要坚持最严格的耕地保护制度,大规模建设高标准农田。2008 年的《政府工作报告》中明确提出"加大土地开发整理复垦力度,搞好中低产田改造,提高耕地质量,建设一批高标准农田",其中首次提出要"建设一批高标准农田";2009~2015年的中央一号文件多次明确提出相关要求:"加快高标准农田建设""大力建设高标准农田""促进旱涝保收高标准农田建设""加大力度推进高标准农田建设""实施全国高标准农田建设总体规划""增强粮食生产能力是首当其冲的问题,高标准农田建设是其中的重要内容";其他相关文件,如《中华人民共和国国民经济与社会发展第十二个五年规划纲要》明确提出"大规模建设旱涝保收高标准农田",《中华人民共和国国民经济与社会发展第十三个五年规划纲要》明确提出"大规模推进农田水利、土地整治、中低产田改造和高标准农田建设",《全国土地整治规划(2016—2020年)》明确提出"十三五"时期全国共同确保建成4亿亩、力争建成6亿亩高标准农田,《全国高标准农田建设总体规划》提出"到2020年,建成集中连片、旱涝保收的高标准农田8亿亩"等。高标准农田建设已成为国家战略部署。

随着2012年《国土资源部、财政部关于加快编制和实施土地整治规划大力推进高标准基本农田建设的通知》等政策文件的出台,我国高标准基本农田建设工作迅速开展,之后国土资源部、农业部分别发布了《高标准基本农田建设标准》(TD/T 1033-2012)《高标准农田建设标准》(NY/T 2148-2012),首次从国家层面规范高标准基本农田建设工作。这些文件规定了高标准基本农田的建设原则、建设目标、建设条件、建设内容、技术标准、建设程序和公众参与等内容,为高标准基本农田建设的有效开展提供了科学依据;指出了高标准基本农田就是一定时期内,通过农村土地整治建设形成的集中连片、设施配套、高产稳产、生态良好、抗灾能力强,与现代农业生产和经营方式相适应的基本农田。高标准基本农田包括经过整治的原有基本农田和经整治后划入的基本农田。高标准基本农田建设是以建设高标准基本农田为目标,依据土地利用总体规划和土地整治规划,在农村土地整治重点区域及重大工程、基本农田保护区、基本农田整备区等开展的土地整治活动。

2014年,由国土资源部和农业部发布的《高标准农田建设通则》(GB/T 30600-2014)作为我国首部高标准农田建设国家标准,指出高标准农田是指土地平整、集中连片、设施完善、农田配套、土壤肥沃、生态良好、抗灾能力强,与现代农业生产和经营方式相适应的旱涝保收、高产稳产,划定为永久基本农田的耕地。2022年,修订后的《高标准农田建设通则》(GB/T 30600-2022)突出因地制宜、分区域设置建设标准。2016年10月13日发布的《高标准农田建设评价规范》（GB/T 33130-2016）指出，高标准基本农田的建设质量主要包括工程质量和耕地质量，重点在于坚持耕地质量与高标准农田基础工程同步建设，在加强农田基础设施建设的同时，把土壤改良、培肥地力、耕地质量监测网点建设等作为高标准农田建设项目实施的重要内容。2019 年 11 月 21 日发布的《国务院办公厅关于切实加强高标准农田建设提升国家粮食安全保障能力的意见》和 2021 年 9 月 6 日颁布的《全国高标准农田建设规划（2021—2030 年）》均提出，要确保到 2022 年全国建成 10 亿亩高标准农田，以此稳定保障 1 万亿斤以上的粮食产能。2023 年中央一号文件再次强调"加强高标准农田建设"，对高标准农田建设提出了新要求、部署了新任务。通过国家标准的实施，引导各地在高标准农田建设过程中，重视并建设好耕地质量，提高耕地质量和基础地力，确保耕地综合生产能力和增产能力持续提升。

因此，大范围获取高标准基本农田建设区域土壤基础信息，提高农田基础信息获取质量和效率，有利于实现高标准农田建设管理的信息化和规范化。

1.2.1.3 高标准基本农田相关研究进展

由于高标准基本农田这一概念的提出时间较晚，目前学术界对高标准基本农田建设的研究大多围绕如何加快高标准农田建设的战略思考和实施措施等进行理论研究，以及基本农田划定和潜力评价与适宜性评价、建设时序与模式分区、工程实施与效果评价、建设选址等定量研究。

（1）高标准基本农田建设评价研究

国内学者大多用自然条件、基础设施条件和社会经济条件等构建评价指标体系，少数学者引入生态景观条件，采用德尔菲法、因素成对比较法、层次分析法、熵权法、多因素综合评价、最小费用距离模型、可变模糊集和逼近理想点法等进行综合评价，进而划定高标准基本农田建设区。沈明等（2012）采用德尔菲法和因素成对比较法，构建评价指标体系对广东省各县（市、区）的影响因子进行量化并计算。徐博等（2013）采用层次分析法构建长春市高标准基本农田建设评价体系，并定量筛选长春市高标准基本农田建设重点区域。李婷等（2015）构建了湖北省赤壁市高标准基本农田建设评价指标体系，采用组合方法对高标准基本农田建设区域进行分区。王新盼等（2013）采用多因素综合评价和逐级修正方法，划定了北京市平谷区高标准基本农田建设适宜区域。杨绪红等（2014）采用最小费用距离模型，依据累积阻力值的突变性，将陕西关中地区高标准农田建设区划定为重点区、限制区和禁止区。丁喜莲等（2014）构建了山东省日照市高标准基本农田评价指标体系，确定了高标准基本农田建设重点区域。胡业翠等（2014）将生态景观条件引入高标准基本农田建设，利用熵权法和多因素法综合评价，划定高标准基本农田建设区域。汤峰等（2019）基于耕地质量等别更新、土地利用变更、土壤采样等多元数据，运用改进突变级数模型和热点分析法对河北省昌黎县高标准基本农田建设进行适宜性评价与优先区划定。赵素霞等（2018）从耕地区位条件、耕作便利程度、规划约束和生态控制构建了高标准农田建设空间稳定性评价指标体系，对新郑市高标准农田空间稳定性进行分级，遴选出空间稳定性高的区域。赵冬玲等（2018）从耕地的立地条件、基础设施、空间布局、生态保护四个方面构建高标准农田建设条件评价指标体系，通过建设条件和限制因素两个方面划分河北省涿州市高标准农田建设优先区。韩佳等（2024）基于高标准农田质量等级评价指标体系，在对耕地立地条件、物理性状、化学性状、环境条件分析的基础上，采用德尔菲法与模糊综合评价法相结合的方法确定评价指标隶属度，进而利用 GIS 空间数据处理和集成算法优势，通过空间分析、基于空间位置统计等方法对评价指标进行科学赋值，最后对平定县 2021 年高标准农田项目区进行耕地质量等级评价。廖涛等（2023）以河南南阳某地高标准农田建设为例，综合考虑了高标准农田建设的质量、成效和后续管理，从土壤、农田工程的质量、配套工程的建设情况、各方面效益、后续管理维护等方面入手，构建完整的评价体系，得出该标准农田建设评价结果为优秀的结论。

也有学者通过构建基本农田评价指标体系，对高标准基本农田建设潜力和适宜性进行评价分级。朱传民等（2015）以曲周县为例，提出了外部环境适宜性修正模型与"综合质量—综合意愿"综合建设区划定方法，根据构建的限制类、限制型诊断方法及其组合设计，确定建设时序区域的综合适宜性。杨伟等（2013）采用差异性调查分区法、置信区间计算法、潜力等级水平选择法、耕地生产能力计算法和耕地质量综合指数计算等方法，分别确定了高标准基本农田和非高标准基本农田建设区的农用地整治的数量与质量潜力并分级。罗华艳等（2013）通过适宜性建设评价，将钦州市钦北区高标准基本农田建设类型分为基本具备型、改造整治型及全面整治型三种。赵素霞等（2016）通过构建高标准基本农田生态位适宜度评价模型，在基本农田现实生态位空间与最适宜生态位空间匹配度评判，将新郑市高标准基本农田划分为四个适宜性等级。郑世杰等（2014）通过构建高标准基本农田综合评价指标体系，将临夏县北源地区基本农田分为基本具备条件区、稍加整治区、全面整治区三种类型。王晨等（2014）通过构建评价体系，将长岭县新安镇高标准基本农田建设区划分为基本具备条件区、稍加整治区和全面整治区三类区域。龙雨涵等（2014）运用 GIS 空间叠置分析工具和层次分析方法，对重庆市荣昌县高标准基本农田建设潜力进行了测算，并探讨了适宜模式。方勘先等（2014）对丘陵区高标准基本农田建设条件及潜力进行分析。林勇刚等（2015）提出了一套适用于潼南县柏梓镇高标准基本农田建设适宜性评价的综合指标评价方法，并将柏梓镇高标准基本农田建设适宜性划分为七个级别。谭少军等（2018）结合农用地质量分等、土地利用变更等多元数据，对重庆市垫江县高标准基本农田建设进行适宜性评价与区位选址。

还有一些学者通过构建评价指标体系，借助 GIS 平台对高标准基本农田建设进行分区。钱凤魁等（2015）以沈阳市沈北新区为例，采取多因素综合对比分析法，划定高标准基本农田优先建设区、有条件建设区、限制建设区。熊昌盛等（2015）引入局部空间自相关分析将全县分为高标准基本农田建设优化区域、重点区域、后备区域和一般区域。李婷等（2015）等从自然质量、空间布局、建设条件和经济社会条件四个方面构建了高标准基本农田建设评价指标体系，采用组合方法将湖北省赤壁市基本农田划分为优先整治区域、次优整治区域、全面整治区域。李涛等（2013）运用 GIS 软件、土地利用动态度分析法以及多目标综合评价法评价大都市边缘区高标准基本农田建设潜力，并划定高标准基本农田建设模式。韩春兰等（2013）通过利用 ArcGIS 将清原县农用地划分为三个高标准基本农田建设类型区。刘洁等（2013）采用逼近于理想点的方法，将基本农田分为"基本具备高标准条件""稍加改造""需要全面整治"三种类型。韩帅等（2013）采用层次分析法构建评价指标体系，并通过 GIS 技术提取高标准基本农田建设限制因子。郭贝贝等（2014）应用可变模糊集理论，根据风险强度和整治可行性划定高标准农田建设区。关喻洪等（2014）运用 AHP 法建立了生态型高标准农田指标体系，利用 ArcGIS 划定出项目区的高标准基本农田。郭凤玉等（2014）借助 GIS 技术，对河北省卢龙县高标准基本农田建设进行潜力分区。丁庆龙和门明新（2014）采用 GIS 空间分析技术将中、高安全格局和建设用地适宜度低的地区叠加作为基本农田配置重点区域。崔勇和刘志伟（2014）通过多因素分析法、层次分析法和 GIS 空间技术将各评价指标进行空间叠加，得到北京市怀柔区高标准基本农田建设适宜性评价等级。孙宇等（2016）采用层次分析法、熵权法、理想解逼近法、四象限法，确定西南丘陵山区高标准基本农田建设的最佳区域。曾吉彬等（2018）采用 ArcGIS 与 ENVI 支持下确定重庆市垫江县高标准基本农田建设差别化的建设分区和管理模式等。孙茜等（2016）基于 GIS 技术，通过冷热点分析遴选河南省新郑市高标准农田建设项目区。张延良等（2023）以适宜性评价、障碍度模型为研究方法，研究结果显示，商店镇高标准农田建设适宜性一级区主要分布在镇域的中南部地区，二级区基本环绕在一级区外侧，三级区分散于镇域各地，以镇域北部居多，有城镇发展的需求，较不适宜建设高标准农田。商店镇高标准农田建设可划分为优先建设区、重点发展区与后备保留区。王云仙等（2023）选取地貌类型多样的内蒙古自治区和林格尔县，从农田自然禀赋和外部资源配给出发，构建高标准农田建设潜力评价体系，以耕地图斑为评价单元，利用熵权法分别计算不同地形部位权重，以综合指数法测算耕地各评价单元高标准农田建设潜力，划出不同地形部位高标准农田建设基本具备区、稍加整治区、全面整治区、不适宜区。赵振庭等（2022）基于多维超体积生态位的理论方法，从土壤条件、立地条件、空间稳定性、景观格局、生态约束五个维度构建了高标准生态农田建设适宜性评价体系，将保定市高标准生态农田建设划分为生产优先建设区、生产次优先建设区、"生产—生态"协同建设区、后备建设区及生态保育区。

（2）高标准基本农田建设时序与模式分区研究

确定高标准基本农田建设时序与模式分区是土地整治规划的一项重要且基本的任务，现阶段直接对高标准基本农田建设的时序和分区研究还相对较少。冯锐等（2012）将中江县高标准基本农田建设划分为坡度限制因素区、农田水利基础设施重点建设区和农田道路重点建设区。邢贺群等（2015）将依兰县高标准农田建设区域分为最佳、适宜、有条件、无条件四种类型，依兰县高标准农田建设模式分为平原地力保育型、平原地力提升型、丘陵地力保育型、丘陵地力提升型四种类型。李发志等（2016）从耕地的自然质量、空间形态、基础设施三个方面构建黄河冲积平原地区的商河县高标准基本农田建设评价指标体系，对耕地的综合质量进行评价，并划分高标准基本农田的建设时序。谭建金等（2014）将晋江市高标准基本农田建设分为近期、中期、远期整治区；建设模式分为土地平整工程重点建设区、灌溉与排水工程重点建设区、田间道路工程重点建设区。马立军等（2014）确定了全国基本农田保护示范区—卢龙县高标准基本农田建设的时序与模式。郭凤玉和马立军（2014）将河北省卢龙县高标准基本农田建设确定为以土地平整工程为主的模式Ⅰ、灌溉和排水工程为主的模式Ⅱ、田间道路和农田防护林为主的模式Ⅲ三种建设模式。唐秀美等（2014）采用四象限法将高标准基本农田建设区域划分为"高质量高适宜"区域、"高质量低适宜"区域、"低质量高适宜"区域，并提出了高标准基本农田建设的建设模式及建设方向。张忠等（2014）将黑龙江省八五三农场耕地划分为Ⅰ、Ⅱ、Ⅲ期。刘建生等（2014）通过构建差距度模型与投资度模型，指导高标准基本农田建设的资金、空间和时序安排。薛剑等（2014）采用四象限法分别确定黑龙江省富锦市高标准基本农田的建设时序。陈天才（2015）将重庆渝北区统景镇高标准基本农田建设分为三个时段：近期布局安排在东部区域、中期布局安排在南部及北部区域、远期布局安排在西部区域。张合兵等（2018）通过构建耦合协调度模型，结合热点分析理论，优选河南省新郑市高标准农田建设项目区。曾亚等（2020）从基础地力、利用条件、区位条件三个方面筛选出 12 个指标，提出了重庆市南岸区高标准基本农田建设时序。刘春芳等（2018）构建生境质量、土壤保持、碳固持和食物供给四种生态系统服务功能，提出生态型高标准农田建设分区方法及调控措施。宋文等（2017）以土地综合整治项目区为例，基于新的耕地质量观从地力质量、工程质量、空间质量、生态环境质量和美学质量五个方面构建村域耕地质量均匀度评价指标体系，开展曲周县高标准基本农田建设时序分区。杨建宇等（2017）结合理想点逼近法和局部空间自相关分析构建河南省焦作市高标准农田建设分区及时序。王翠婷等（2024）以安徽省滁州市凤阳县为例，基于莫兰指数，结合耕地质量、灌溉排水能力的空间分布，以地块为最小单元将高标准农田建设时序划分为优先建设区、次级建设区、后备建设区和暂不建设区。

目前，对高标准基本农田建设的研究还包括理论研究、工程实施与效果评价、建设选址与规划设计研究等。如何才能按计划保质保量地完成该项任务，在开展建设工作过程中应注意哪些问题已成为相关专家、学者探讨的重点。工程实施与效果评价研究，如李艳梅等（2013）、魏明宇等（2013）、黄寿海（2013）、张效敬和黄辉玲（2014）、刘飞和方源敏（2014）、胡邦红等（2014）、马雪莹等（2018）、王晓青等（2018）、信桂新等（2017）。建设选址与规划设计研究，如朱传民等（2013）、王重波（2013）、王晓燕（2013）、常葵艳等（2014）。

综上所述，在建设高标准基本农田的过程中，大多重点强调土地平整，道路、沟渠与其他工程的配套设施提高，建立评价指标体系，工程实施与效果评价及规划设计等，忽略了建设高标准基本农田区域土壤质量的空间分布差异。土壤质量作为保障高标准基本农田建设区域粮食高产稳产、生态良好的基础，有必要实时监测高标准基本农田建设区域的土壤属性信息，以保证高标准基本农田建设的可持续利用。

1.2.2　高光谱遥感技术及其在土壤中的应用研究现状

1.2.2.1　高光谱遥感技术特点

遥感是 20 世纪 60 年代发展起来的对地观测综合性技术，是指通过某种装置，不直接接触被研究目标、区域或现象来获取其相关数据，并对所获取的数据进行分析从而得到所需要信息的一种科学和技术（梅安新等，2001）。光谱分辨率在 $10^{-1}\lambda$ 数量级范围内的遥感为多光谱遥感（Multi-spectral）。多光谱遥感是将地物辐射电磁波分割成若干个较窄的光谱段，以摄影或扫描的方式，在同一时间获得同一目标不同波段信息的遥感技术。光谱分辨率在 $10^{-2}\lambda$ 数量级范围内的遥感为高光谱遥感（Hyper-spectral）。高光谱遥感起源于 20 世纪 70 年代初的多光谱遥感，将成像技术与光谱技术结合在一起，在对目标的空间特征成像的同时，对每个空间像元经过色散形成几十个乃至几百个窄波段以进行连续高光谱覆盖，这样形成的遥感数据可以用"图像立方体"来形象地描述。同传统遥感技术相比，其所获取的图像包含丰富的空间、辐射和光谱三重信息。作为当前遥感技术的前沿技术，高光谱遥感数据的特点为：分辨率高，波段多且连续性，在 350～2500nm 范围内提供连续的地物光谱信息；光谱范围窄，波段范围一般小于10nm；数据信息量大，由于相邻波段的高度相关，冗余信息也相对增加（张立福等，2005；乔璐，2013）。

1.2.2.2　高光谱遥感技术在土壤中的应用研究

土壤由矿物质、有机质、水分、空气等物质组成，是相互联系、相互作用的有机整体。大量研究表明，土壤的光谱特性与土壤的理化性质有着明显的关系，不同的土壤有不同形态的反射特性曲线，如土壤类型、成土母质、土壤有机质含量、土壤水分含量等因素的不同，都会造成土壤光谱反射曲线的差异。对于较传统的土壤分析方法而言，快速发展的高光谱分析技术，在土壤矿物成分定量鉴别、土壤有机质检测和土壤湿度监测等方面得到广泛的应用。基于高光谱定量反演土壤性状的方法，是借助其光谱分辨率高、超多波段等特点，应用于土壤属性细微差异变化的研究，实现对土壤属性的定量分析，并定量反演土壤质量状况。因此，高光谱遥感在土壤中的应用是未来土壤科学研究的前沿，应加强土壤信息获取新技术的研究，实现土壤信息快速获取，并应用于土壤快速检测、土壤质量评价以及土壤质量信息的监测等方面。

　　自 20 世纪初开始，国内外致力于土壤光谱特性研究的一些专家、学者，就利用高光谱遥感技术开展了有关土壤理化性质、定量分析与质量评价等研究。主要进行了两个方面的研究：一是室内光谱理论与应用研究，估算土壤成分及含量，并试图分析及解释其机理；二是实现真正的高光谱遥感或高光谱制图，利用机载或星载光谱仪进行土壤属性的定量分析（郑光辉，2011）。

　　（1）土壤属性信息获取

　　高光谱数据提供了连续窄带短波红外光谱信息，可以快速提供土壤有机质、成土母质、铁、水分、机械组成、粗糙度等信息，为土壤理化性状的监测提供了强有力的工具。土壤属性信息主要包括土壤 pH 值、有机质（SOM）、碱解氮（AN）、速效磷（AP）、速效钾（AK）、铁（Fe）、铬（Cr）、镉（Cd）、锌（Zn）、铜（Cu）、铅（Pb）等。近年来，许多学者利用高光谱遥感技术对土壤属性进行了一系列研究，并取得了较好的成果。

　　1）土壤酸碱度 pH 值

　　土壤酸碱度 pH 值是一个重要的土壤化学变量，对土壤物理、化学、生物特性均有影响，它直接影响土壤中各种养分元素的存在形态和有效性（鲍士旦，2000）。目前，越来越多的学者对土壤酸碱度 pH 值的研究表明光谱反射率与 pH 值呈现相关关系。Csillag 等（1993）研究了表层土壤样品的高光谱数据与土壤中 pH 值、电导率 EC 和可交换钠含量（ESC）的回归模型，指出土壤光谱在可见光波段（550nm～700nm）、近红外波段（900nm～1030nm、1270nm～1520nm），以及中红外波段（1940nm～2150nm、2150nm～2310nm、2330nm～2400nm）的反射率对于定量分析盐碱化有较好的指示作用。Zornoza 等（2008）利用光谱预测 pH 值，预模型精度不高。夏学齐等（2009）研究表明 pH 值的光谱预测精度具有区域依赖性。赵振亮等（2013）利用土壤光谱反射率预测新疆典型绿洲——渭干河库车河三角洲绿洲土壤的电导率、pH 值，结果表明土壤的光谱反射率与 pH 值呈正相关。王凯龙等（2014）研究表明在 400nm～900nm 波段光谱数据均与 pH 值之间存在良好的相关性；不同波段范围的土壤 pH 值的预测模型是建立其预测模型的优势波段。Wenjun Jia 等（2016）采用旱地土壤光谱库，运用 DS 算法，建立局部加权回归模型，预测长江三角洲稻田土壤 SOM、TN、pH 值的传递性，表明可以使用 DS 与 CSSL 模式相结合来有效预测稻田土壤 pH 值、SOM、TN。徐驰等（2013）对比分析三种高光谱反演土壤含盐量和 pH 值的方法，表明利用偏最小二乘法建立模型进行高光谱反演土壤全盐含量和 pH 值的稳定性最高。孙媛等

（2021）建立基于实测植被光谱与 Landsat 8 OLI 影像光谱的土壤含盐量与 pH 值估测模型，并基于高光谱数据模型对影像盐分和 pH 值模型进行校正。蔡海辉等（2021）采用偏最小二乘回归、支持向量机回归和随机森林三种建模方法分别建立了土壤 pH 值的高光谱反演模型。王怡婧等（2023）以地面野外高光谱反射率和实测土壤水盐含量为数据源，采用支持向量机回归（SVR）和地理加权回归（GWR）建立土壤水盐含量反演模型并进行验证。

2）土壤有机质

土壤有机质是指存在于土壤中的含碳有机物质，包括各种动植物的残体和微生物体以及生命活动的各种有机产物（李志洪等，2005），是一个关键的土壤特性，对生态系统功能及可持续农业系统管理具有重要的影响。土壤有机质的含量在不同土壤中差异很大，含量高的可达 20% 或 30% 以上（如泥炭土，某些肥沃的森林土壤等），含量低的不足 1% 或 0.5%（如荒漠土和风沙土等）。大量研究表明，土壤有机质还是影响土壤光谱的一个重要因素，土壤光谱在一定程度上也反映了有机质含量，有机质含量的多少会直接导致整个波段土壤反射率高低。部分学者认为，土壤有机质含量与土壤的发射曲线或其变换形式有很高的相关性，还有少数学者认为土壤有机质与土壤光谱反射率呈负相关。另外，还有学者通过对土壤实验的环境进行对比分析，比较光谱的估算精度。例如，Nocita 等（2013）利用可见光——近红外光谱预测了不同水分区间的土壤有机质含量。Bricklemyer 和 Brown（2010）通过对比分析发现基于实验室光谱的估算精度较野外光谱高。Morgan 等（2009）对比分析了野外、室内（含水、风干、研磨）四种光谱采样方式，发现风干土样光谱预测效果比含水土样要好。Bernard 等（2008）研究表明利用高光谱技术可以实现对不同土壤粒径的有机质含量的估测。Gomez 等（2008）对比分析发现近地面的光谱估算精度优于星载 Hyperion 高光谱的精度。于雷等（2016）利用 CWT 对土壤原始光谱反射率和光谱反射率连续统去除进行分解，分析小波系数与土壤有机质的相关性，分别构建 PLSR、BPNN、SVMR 反演模型，CR-CWT-SVMR 的模型效果最为显著。王超等（2014）研究表明风干土和过筛土的光谱反射率要明显高于湿土处理。于雷等（2015）分析 LR、FDR 和 CR 光谱指标与有机质含量的相关性，并基于全波段和显著性波段建立江汉平原公安县土壤有机质高光谱 PLSR 模型，发现 CR-PLSR 模型的建模和预测的效果显著。Xiao 等（2016）通过测定玛纳斯河流域 221 个土壤样品 DE 土壤电导率、有机质和 Na^+、Ca^+、Mg^{2+} 三种离子浓度含量得出的钠吸附比值

（SAR），采用逐步线性回归方法建立模型，表明相较其他五种变量的模型，以 R 为自变量的 EC 对数模型精度最高，以 NDVI 为自变量的土壤有机质预测模型精度最高，以 FDR 为自变量的 SAR 预测模型精度最高。邓昀等（2023）提出了一种改进时间卷积网络（SATCN）的红壤有机质高光谱预测模型。玉米提·买明和王雪梅（2022）以新疆渭干河—库车河三角洲绿洲耕层土壤为研究对象，采用偏最小二乘回归和支持向量机回归方法构建土壤有机质含量的估测模型。唐海涛等（2021）以黑龙江省海伦市为研究区，结合随机森林（Random Forest，RF）算法建立 SOM 预测模型。张娟娟等（2020）以河南省商水县砂姜黑土为对象，采用光谱指数和遗传算法相结合支持向量机构建砂姜黑土有机质估测模型。王海峰等（2018）认为荒漠土壤有机质 GC-SNV-RR 反演模型实现了更为理想的反演效果。尼加提·卡斯木等（2018）认为基于平方根波段优化的估算模型效果最佳。

3）土壤氮磷钾

土壤中的氮、磷、钾等养分是植物生长的重要基础，而监测土壤中的营养元素含量在农业环境综合评价中具有重要意义。国内外学者对遥感监测土壤养分方面的应用和研究表明，土壤的营养元素含量（N、P、K）与土壤反射率光谱之间存在良好的相关性。最早进行土壤 N 含量估算的是 Dalal 和 Henry（1986），利用近红外光谱同时测定了土壤有机碳和总氮含量，发现土壤光谱 1700nm~2100nm 与氮素关系密切。另外，还有学者利用偏最小二乘法等建立土壤氮磷钾的预测模型。例如，Malley 等（1999）利用 NIRs 估算土壤 P 和 K 的结果与实测值高度相关（$R^2 > 0.9$）。Rossel 等（2006）利用 PLS 方法建立 P 和 K 的估算模型。Shig 等（2002）利用近红外微分技术研究土壤中全磷、Bray 磷和 Olsen 磷的估测模型。Rossel 等（2006）通过建立土壤光谱 PLSR 模型，发现近红外波段 NIR 对磷（P）的估算较好，而中红外波段 MIR 能更精确地估计钾的含量。Mouazen 等（2007）通过偏最小二乘法建立了土壤速效磷含量的预测模型。杨扬（2014）对原始光谱反射率四种变换形式相关性较高的波段范围分别建立了评价模型，利用全波段、特征波段构建全氮、全碳和碳氮比估算模型。王莉雯和卫亚星（2016）采用 bootstrap SMLR、bootstrap PLSR 与 CR、FD 和 LR 光谱建立土壤模型，对土壤全氮最高估算精度为 CR-bootstrap PLS 建模，对土壤全磷最高估算精度为 R-bootstrap PLSR 建模。栾福明等（2014）选取土壤可见光-近红外光谱的反射率（R）、lg（1/R）、光谱反射率一阶导数（FDR）和光谱波段深度（Depth）四个指标，分别建立了反演模型，得出 Depth 是进行 N 和 P 元素反演分析最合适光谱指标，FDR 是估算 K 元素含量的最佳光谱指标。刘秀英等（2015）用相关分析结合 PLS 建立黄绵土土壤 TN（全氮）和 AHN（碱解氮）含量的校正模型，表明微分光谱校正模型是预测研究区土壤 TN 含量的最佳模型，归一化变换校正模型是预测土壤 AHN 含量的最佳模型。张佳佳等（2016）通过分析兴国县稻田土壤全磷、有效磷含量与光谱反射率 18 种数学变换的相关系数，提取全磷和有效磷的敏感波段，发现多项式回归模型能较好地预测全磷、有效磷含量。

4）土壤氧化铁

氧化铁是土壤赋色的重要成分，也是可见光谱中最活跃的元素，对土壤光谱特性有重要的影响。铁元素是土壤中各种重金属的吸附剂，在估算土壤中重金属含量时具有重要作用（Kemper et al.，2002），从而实现利用反射光谱方法估算无光谱特征元素的目的。目前，国内外许多学者都进行了反射光谱反演土壤铁元素含量的研究，并取得了很好的成果。一般认为，铁的氧化物的存在会导致土壤在整个波谱范围内光谱反射率下降，尤其在可见光波段范围出现的多个吸收特征都是由铁的氧化物引起的。Baumgardner 等（1969）指出，870nm 是铁的吸收峰，氧化铁含量很高。Montgomery 等（1976）研究表明，游离态氧化铁的存在对整个可见光和近红外区域的光谱都有很大影响。Stoner 等（1981）研究表明，$0.52\mu m \sim 2.32\mu m$ 波段反射率与土壤中铁含量相关性较高。Nanni 等（2006）发现 TM 卫星光谱数据与多数土壤黏粒、Fe_2O_3、TiO_2 相关性好。Henderson 等（1992）研究发现，当土壤来自同一母质，其土壤有机碳、氧化铁与可见光波段（425nm~695nm）具有很高的相关性。Madeira 等（1997）建立了 TM 波段光谱参数与铁氧化物含量之间的定量关系。也有学者认为，铁的氧化物与土壤光谱反射率呈负相关关系，如 Galvao 等（1998）研究表明土壤有机质含量高于 1.7% 时，导致土壤光谱反射率与全铁（Fe_2O_3）含量的负相关关系下降 40%；彭杰等（2013）研究发现，随氧化铁含量的增加波段反射率降低，氧化铁含量与土壤线斜率呈线性负相关，与截距呈线性正相关，且均达到极显著相关水平。赵海龙等（2022）以禄丰恐龙谷南缘地表的土壤为研究对象，通过遗传算法优化的支持向量机（SVR）进行建模，认为第 4 尺度连续小波分解构建的模型（L4-CC-CARS-SVR）效果最好。

5）土壤重金属

随着城市化、信息化、工业化和农业集约化的快速发展，工农业污染物和生活废弃物大量输入土壤，土壤重金属含量越来越高，而土壤重金属污染具有残留时间长、隐蔽性强、迁移性小和毒性大等特点，严重威胁着人类及其他生物的健康与生存。由于土壤重金属含量低、无光谱特征及野外光谱或遥感图像信噪比低，无光谱特征要素与具有特殊光谱特征的要素之间存在内部相关性，利用可见近红外波段可以预测无光谱特征要素（Wu et al.，2005），因此可以借助重金属元素与土壤有机质、黏土矿物等成分的吸附和赋存关系及其反映在光谱曲线上不同的特征进行土壤重金属含量预测。大量研究说明，土壤重金属含量与光谱发射波段存在很好的相关性，部分学者通过建立预测模型预测土壤重金属的含量，取得了较好的预测结果，如 Thomas 等（2002）利用土壤光谱预测了西班牙 Aznal-collar 矿区的土壤 Pb、As、Hg 及 Fe 元素的含量，预测结果较好。Siebielec 等（2004）用 NIRS 预测污染土壤 Fe、Cd、N、Zn、Pb 含量，波段 1100nm～2498nm 预测结果较好。Wu 等（2005a；2005b）研究表明：当 Cr 和 Cu 含量超过 $4000mg \cdot kg^{-1}$ 时，从土壤反射光谱中可以探测到重金属元素。Kemper 等（2002）通过逐步线性回归分析和神经网络方法预测重金属浓度与特征光谱反射率之间的拟合关系。徐明星等（2011）构建了历史时期土壤重金属 Cd、Cr、Cu、Ni 和 Pb 含量的多元线性逐步回归的高光谱反演模型。宋练等（2014）利用回归分析方法反演重庆市万盛采矿区土壤 As、Cd、Zn 含量。马伟波等（2016）引入超限学习机方法对复垦矿区的 Zn、Cr、Cd、Cu、As、Pb 进行反演建模。袁中强等（2016）建立了四川省若尔盖国际重要湿地的土壤 Zn、Cd、Pb、Cr、Cu 含量的偏最小二乘回归模型。夏芳等（2015）对浙江省 36 个县市的 643 个农田耕层土样的重金属 Ni、Cu、As、Hg、Zn、Cr、Cd、Pb 含量构建了偏最小二乘回归模型。郑光辉等（2011）建立了反射光谱与土壤 As 含量之间的 PLSR 模型。滕靖等（2016）利用逐步回归法和皮尔逊相关系数选出土壤铜的特征波段建立估算模型，得出基于综合光谱变换信息建立的土壤铜含量反演模型精度优于基于单种光谱变换信息建立的模型，利用综合光谱变换信息建立土壤铜含量反演模型，后向剔除法优于前向引入法和逐步回归法。张秋霞等（2017a）以新郑市高标准基本农田建设区域为研究对象，构建土壤重金属偏最小二乘最佳反演模型。沈强等（2019）以湖北省大冶市复垦矿区为研究区，分析三种重金属元素与光谱特征间的相关性并建立逐步回归模型，表明一阶微分和连续统去除法的效果最为明显。亚森江·喀哈尔等（2019）于新疆准东露天煤矿区基于地理加权回归（GWR）模型估算 As 含量，认为优化光谱指数 NPDI_(R（1417/1246））有助于快速准确地估算 As 含量。林楠等（2021）以黑龙江省讷河市黑土为研究对象，采用极限学习机（Extreme Learning Machine，ELM）模型建模的样本数据，构建 KPCA-ELM 估测模型，进行黑土重金属含量的定量估算。李旭青等（2024）以雄安新区为研究对象，采用偏最小二乘回归方法（Partial Least Squares Regression，PLSR）建立农田土壤重金属含量反演模型。

（2）土壤反演方法

近年来，大量学者在对土壤属性含量与光谱反射率进行相关性分析的基础上，逐渐构建多种反演模型如主成分回归、多元线性回归、最小二乘法、偏最小二乘方法、人工神经网络等提取土壤属性的光谱特征并预测。也有学者同时用两种或三种相结合的模型构建反演模型，如支持向量机和偏最小二乘法、偏最小二乘法—人工神经网络、主成分分析和遗传算法、偏最小二乘回归和人工神经网络、多元线性回归与人工神经网格方法、离散小波变换结合遗传算法和偏最小二乘法（DWT-GA-PLS）等。

在采用高光谱遥感技术反演的过程中，为了选择最优模型以达到最好的反演预测结果，部分学者同时选用多种反演模型比对分析。Mouazen 等（2010；2009）采用主成分回归、BP 神经网络和偏最小二乘回归建立预测模型，发现 BPNN 方法优于 PLS 建模方法。Vasques 等（2008）发现采用多元线性逐步回归法和偏最小二乘法得到的预测效果最好且最稳定。Bilgili 等（2010）发现在交叉验证下，采用多元自适应回归样条法比偏最小二乘回归法预测能得到更好的预测效果。Stevens 等（2013）和 Nocita（2014）同时采用偏最小二乘回归（PLSR）、增强回归树（BRT）、Cubist、随机森林和支持向量机方法建立模型。Tan 等（2014）采用传统的多元线性回归、偏最小二乘回归和最小二乘支持向量机对土壤样本回收矿区建立土壤重金属的定量反演模型。Wang 等（2014）对比分析偏最小二乘回归与遗传算法对宜兴农业土壤重金属的建模精度。沈润平等（2009）研究表明，人工神经网络所建立的反演模型普遍优于回归模型，网络集成模型优于单个 BP 网络模型。武彦清等（2011）的研究结果表明，多元线性逐步回归分析得到的最优模型预测效果稍好，但偏最小二乘法建立的模型更稳定。刘磊等（2011）研究结果表明偏最小二乘法优于多元逐步线性回归法。李媛媛等（2014）研究结果显示，偏最小二乘法优于多元线性回归法。郭斗斗等（2014）研究结果表明，偏最小二乘回归法结合使用多数预处理方法均获得了较高的模型预测精度和可靠性。庞国锦等（2014）对比发现，使用全部波段信息建模的偏最小二乘回归模型优于仅使用两个波段信息的高光谱指数模型，而间隔偏最小二乘法模型和反向间隔偏最小二乘法模型通过选择特征波段进行建模，结果均好于全谱模型。王娜娜等（2013）研究表明，基于 BP 人工神经网络模型优于多元线性逐步回归和一元曲线回归模型。韩兆迎等（2014）通过建立主成分回归分析、多元线性回归分析、二次多项式逐步回归分析和支持向量机回归反演模型，发现二次多项式逐步回归模型为估算黄河三角洲土壤有机质含量的最佳反演模型。王凯龙等（2014a）研究结果表明，利用 PCA 和 PLSR 模型所获得主成分，作为 BP 神经网络的输入变量所建立的复合模型，可明显提高模型稳定性和预测能力。李晓明等（2014）研究结果表明通过 Matlab 进行偏最小二乘回归计算的反演模型精度高于常规回归分析。任红艳等（2009）研究表明土壤 As 和 Fe 的浓度数据的 PCR 反演模型要优于偏最小二乘回归预测模型。徐驰等（2013）研究结果表明偏最小二乘支持向量机回归算法（LS-SVR）具有比偏最小二乘法（PLS）更高的精度。栾福明等（2013）研究发现不同模型拟合效果从高到低依次为人工神经网络（ANNs）集成模型>单个人工神经（ANNs）网络模型>多元逐步回归（MLSR）模型。陈红艳（2012）研究发现基于遗传算法结合偏最小二乘法（GA-PLS）筛选的特征谱段构建的估测模型最佳；利用小波分析构建土壤主要养分含量的 SMLR 模型精度普遍低于 PLS 模型。王乾龙等（2014）研究表明，在大样本下全局建模局部加权回归 LWR 和模糊 K 均值聚类结合 FKMC-PLSR 局部模型比全局模型能够更为准确地反演含量。蒋烨林等（2016）采用多元逐步回归法、偏最小二乘回归法、人工神经网络法分别建立精河县内不同地表覆盖类型土壤养分预测模型，表明光谱二阶微分变换形式的人工神经网络模型可以最精确、稳定地完成土壤养分含量的快速预测。陈元鹏等（2019）采用偏最小二乘回归（Partial Least Squares Regression，PLSR）、随机森林回归（Random Forest Regression，RFR）、支持向量机回归（Support Vector Machine Regression，SVMR）三种回归分析模型开展土壤重金属含量反演实验，结果表明偏最小二乘回归（PLSR）对研究区内土壤中重金属含量的反演最为有效。毛继华等（2023）认为，BPNN、XGBoost 可以较好地描述重金属含量与光谱的非线性关系，分别实现了 Cr、Ni、Zn 和 Pb、Cd 的最优反演，SVMR 实现了 Cu 的最优反演。

（3）土壤高光谱制图

高光谱遥感影像具有获取空间上连续元素分布信息的能力，因此，高光谱反演及制图成为遥感领域的一个重要研究方向。此前，研究大多集中在探索土壤成分含量与光谱特征之间的关系，由于高光谱影像制图具有范围大、效率高的特点，近几年国内外也逐渐开始利用高光谱影像反演土壤成分含量的研究。Chen 等（2000）利用航空彩色图像绘制土壤有机碳分布图。Hauff 等（2000）利用高光谱对重金属元素的间接提取，完成废弃矿以及矿山废物重金属元素分布成图。Dehaan 等（2002）在野外测量了澳大利亚 Murray-Darling 流域的土壤的光谱数据，结合 Hymap 成像光谱数据得到了盐渍化程度分级图。Ben-Dor 等（2002）利用 DAIS-7915 高光谱数据对伊朗北部 Izrael 流域进行了土壤特性（土壤湿度、土壤电导率 EC、有机质、pH）的定量制图。Fox 等（2002）应用航空彩色图像评价了土壤有机质，建立了土壤有机质和像元沿土壤线的欧氏距离之间的关系。Lu 等（2005）利用 PHI（Pushbroom Hyperspectral Image）数据对新疆克拉玛依土壤盐渍化状况进行了定量制图。Demattê 等（2009）利用室内光谱和 TM 图像进行 Fe_2O_3 制图。周萍（2006）利用 OMIS-I 航空成像光谱数据，实现土壤有机质、湿度和氧化铁三种物质成分的填图。程朋根等（2009）在陕西省榆林市横山县范围内及高光谱 Hyperion 影像范围内进行有机质含量定量填图。翁永玲等（2010）实现 Hyperion 星载高光谱遥感数据的土壤盐分含量空间分布的定量反演。游浩辰（2012）以 ALOS 影像为数据源实现林地土壤有机碳的反演，运用 GIS 空间插值法、植被指数法两种方法比较土壤有机碳空间分异规律。郭燕（2013）利用野外型光谱仪获取的 VIS-NIR 土壤光谱数据，借助协同克里格插值方法进行制图研究。官晓（2014）对研究区的 Hyperion 高光谱遥感图像进行有机质含量的预测填图。耿令朋（2012）通过实验室光谱建立土壤有机质含量的反演模型，对高光谱遥感影像进行了土壤有机质含量的填图。张威（2014）利用偏最小二乘回归法和 BP 神经网络法建立三江源区玉树县土壤各重金属含量的光谱估算模型，并与 Hyperion 影像相结合得到研究区土壤重金属元素含量的空间分布图。吴才武等（2016）在充分考虑土壤样点空间自相关、异相关与野外复杂环境特点的基础上，通过地统计获得研究区水分的空间分布数据，结合遥感反射率，建立多因子预测模型，得到了吉林省黑土区土壤有机质空间分布图。张秋霞等（2017a）构建偏最小二乘模型（Partial Least Square Regress，PLSR）土壤重金属的最佳反演模型，并采用最佳地统计插值方法对高标准基本农田建设区域土壤重金属进行空间插值。郭斌等（2022）基于最优反演模型，利用空间插值方法绘制某露天煤矿土壤 Zn 含量的空间分布图。

综上所述，高光谱遥感技术具有高分辨率及高效率、无损害、安全、无污染等特性，节省人力、物力、财力等特点，是高标准基本农田建设中非常重要的一项遥感技术，能为高标准基本农田的建设提供支持，可以实现快速、大区域获取高标准基本农田基础信息，是实现高标准基本农田建设的前提和基础。因此，高光谱遥感技术独特的优势为高标准基本农田建设区域的土壤基础信息的快速获取提供了一种新的技术手段，但是在利用高光谱技术获取土壤属性的过程中大多以单项指标信息的获取技术研究为主。

1.2.3 高光谱遥感技术在高标准基本农田中的应用前景

《高标准农田建设标准》（NY/T 2148-2012）中指出，"应根据土壤养分状况确定各种肥料施用量，并对土壤氮、磷、钾及中微量元素、有机质含量、土壤酸化和盐碱等状况进行定期监测，并根据实际情况不断调整施肥配方"，"耕作层土壤重金属含量指标应符合《土壤环境质量标准》（GB15618-2008），影响作物生长的障碍因素应降到最低限度"。《高标准农田建设评价规范》（GB/T 33130-2016）中指出，高标准农田的建设质量包括工程质量和耕地质量，耕地质量是指耕地满足作物生长和安全生产的能力，包括耕地地力、土壤健康状况等自然形成的，投资田间基础设施建设形成的，以及由气候因素、土地利用水平等自然和社会经济因素所决定的满足农产品持续产出和质量安全的要求；强调了耕地质量与高标准农田基础工程同等重要，在大力加强农田基础设施建设的同时，要重视并建设好耕地的内在质量，同步开展深耕深松、土壤有机质提升、土壤养分平衡和土壤生物平衡工程建设，提高耕地质量和基础地力，确保耕地综合生产能力和增产能力持续提升。而土壤的酸碱度、土壤有机质含量、土壤养分、土壤污染等特性是高标准基本农田建设中耕地质量评价不可或缺的基础信息，也是农作物生长环境的重要保障。《高标准农田建设评价规范》（GB/T 33130-2016）中还指出，应满足《高标准农田建设通则》（GB/T 30600）规定的各类定位观测设施数量和功能，包括各类耕地质量、农田土壤墒情和虫情定位监测设施，基本形成农田监测网络。因此，高标准基本农田的建设迫切要求遥感技术能够提供给其快速、准确的土壤基础信息，而高光谱遥感可以用来提供土壤表面状况及其属性的空间信息，也可以用来探测土壤属性的细微差异。因此，在高标准基本农田研究中，对土壤属性信息的分析和估算，高光谱遥感技术具有广阔的应用前景，利用高光谱遥感技术对土壤属性动态监测，能够为实现高标准基本农田建设提供数据基础和技术支持，为高标准基本农田建设区域的优选提供参考依据。

1.3 研究目标与研究内容

1.3.1 研究目标

采用高光谱遥感、野外采样与室内实验等技术，构建新郑市土壤属性多指标综合反演模型和单指标反演模型，获取新郑市高标准基本农田建设区域土壤属性信息，为高标准基本农田建设区域项目区优选决策与建设提供科学依据。

1.3.2 研究内容

本书选择河南省新郑市高标准基本农田建设区域，依附于高标准基本农田建设，旨在借助高光谱遥感反演技术，以高光谱土壤信息的获取为中心，对研究区土壤属性进行定量反演分析，并提出适宜新郑市高标准基本农田建设的建议标准，对新郑市高标准基本农田建设区域优选进行研究。

1.3.2.1 土壤属性的统计特性

采用网格法布设采样点，采样深度为 0~30cm 土壤表层，共采集 154 个土壤样品，对土样进行土壤属性即土壤 pH 值、有机质、氮磷钾、Fe、Cr、Cd、Cu、Zn、Pb 含量的测定，分析新郑市的土壤属性含量统计特征，掌握高标准基本农田建设区域的土壤属性现状。

1.3.2.2 土壤光谱特征波段的确定

室内实验利用 ASD FieldSpec 三型地物光谱仪获得土壤高光谱数据，探索光谱与土壤 pH 值、有机质、氮磷钾、Fe、Cr、Cd、Cu、Zn、Pb 等土壤属性信息之间的关系。对原始光谱反射率进行去阶跃处理后作 Savitzky-Golay（SG）滤波平滑，对比分析土壤的光谱特征；对预处理后的光谱反射率进行多元散射校正（Multiplicative Scatter Correction，MSC）、倒数对数（log（1/R），LOG）、一阶微分（First order Differential reflectance，FD）、二阶微分（Second order Differential reflectance，SD）和去包络线（Continuum Removal，CR）等光谱变换，分析不同光谱指标与土壤属性含量之间的相关性,筛选 $P=0.01$ 水平上的显著性检验的波段作为高光谱特征波段,确定土壤属性的最佳光谱特征波段。在此基础上,对比分析新郑市高标准基本农田建设区域的每个土壤属性与六个光谱指标的相关系数曲线,利用模糊聚类最大树法,选取不同土壤属性共用显著性波段作为最佳高光谱特征波段。

1.3.2.3 土壤属性反演模型的构建

运用 Rank-KS 将研究区的 154 个土壤样本分成 116 个校正集和 38 个验证集,以 SG、LOG、MSC、FD、SD、CR 光谱变换的最佳特征波段分别作为自变量,土壤属性含量实测值作为因变量,建立新郑市高标准基本农田建设区域土壤属性的偏最小二乘回归模型;并以 SG、LOG、MSC、FD、SD、CR 光谱变换的最佳共用特征波段作为自变量,采用面板数据模型,构建新郑市高标准基本农田建设区域土壤属性综合反演模型。通过这两种模型的对比分析,验证面板数据模型综合反演土壤属性的可行性,实现土壤属性含量的快速、精准监测。

1.3.2.4 新郑市高标准基本农田建设区域优选

参考高标准基本农田建设国家标准和河南省地方政策标准,提出适宜新郑市高标准基本农田建设的建议标准。利用构建的土壤属性的最佳反演模型,并根据模糊线性隶属函数和主成分法构建土壤属性反演值与实测值的综合评价模型,进行新郑市高标准基本农田建设区域优选,对比实测值优选结果验证高光谱反演模型用于新郑市高标准基本农田建设区域优选的可行性,并提出对策建议。

1.3.3 研究技术路线

在充分调研国内外相关文献的基础上,借助高光谱遥感反演技术、野外采样与室内实验等技术,获取研究区土壤基础数据,以高光谱土壤属性信息的获取为中心,对研究区进行定量反演分析,并结合高标准基本农田建设标准对土壤属性空间反演并优选。研究的技术路线如图 1-1 所示。

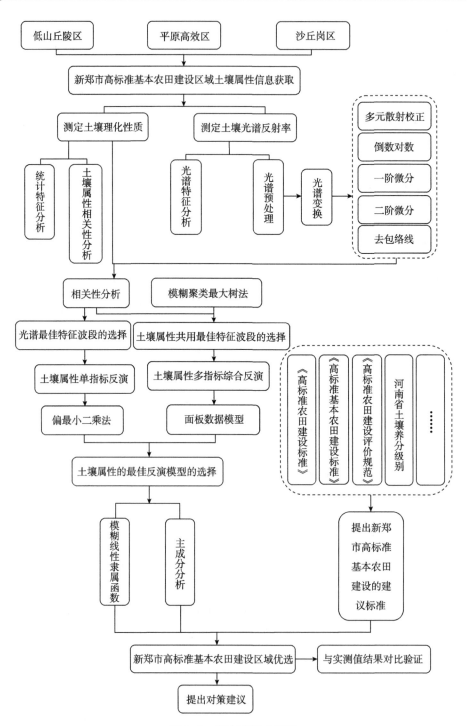

图 1-1 研究的技术路线

1.4　本章小结

本章首先介绍了本书的选题背景和意义、基本农田和高标准基本农田相关理论，以及高标准基本农田的相关研究进展；接着概括了高光谱遥感技术的特点，详细综述了国内外高光谱遥感技术在土壤中的应用研究；然后分析了高光谱遥感技术在高标准基本农田中的研究现状及前景；最后简要概括了本书的研究目标、研究内容以及研究的技术路线。

2 数据的获取及处理

2.1 研究区概况

新郑市位于河南省中部，处于华北平原、豫西山地向豫东平原过渡地带，是中原经济区的核心地带，地处北纬 34°16′~34°39′，东经 113°30′~113°54′之间，北靠省会郑州，东邻中牟县、尉氏县，南连长葛市、禹州市，西与新密市接壤。北距郑州市区 38 千米；东北距中牟县城 45.6 千米、开封市区 120 千米；东至尉氏县城 42.6 千米；南至长葛市区 20.4 千米、许昌市区 40 千米；西南至禹州市区 36.5 千米、平顶山市区 84 千米；西至新密市区 34.5 千米。南北长 42 千米，东西宽 36 千米，总面积 873 平方千米。截至 2020 年底，新郑市总人口约 117 万人，辖 9 镇 1 乡 3 街道，253 个行政村，921 个自然村，24 个居民区。地势西高东低，中部高，南北低。

根据 2019 年 12 月新郑市第三次全国国土调查，新郑市土地总面积 884.59 平方千米，耕地面积为 29746.83 公顷。其中，水田面积为 21.58 公顷，占 0.07%；水浇地面积为 28170.72 公顷，占 94.7%；旱地面积为 1554.53 公顷，占 5.23%。在耕地分布中，新郑市北部四镇耕地分布较少，南部乡镇耕地分布较多，其中辛店镇耕地最多，其次为观音寺镇、新村镇、郭店镇、城关乡。园地面积为 9074.18 公顷，林地面积为 14044.29 公顷，城镇村及工矿用地面积为 26973.42 公顷，水域及水利设施用地面积为 1991.49 公顷。

根据《新郑市国土空间总体规划（2021-2035 年）》，确定耕地保护目标 212.53 平方千米，落实永久基本农田保护目标 167.05 平方千米，占全市国土面积的 23.80%，广泛分布于城关乡、新村镇、郭店镇、观音寺镇、辛店镇、和庄镇和梨河镇。划定生态保护红线总面积为 20.69 平方千米，占全市国土面积的

2.95%。新郑市处于华北平原、豫西山地向豫东平原过渡地带，属暖温带大陆性季风气候。气温适中，四季分明，年均气温 14.2℃，历史最高气温 42.5℃，历史最低气温 -17.9℃；年均降水量 676.1 毫米，年均蒸发量 1476.2 毫米，年均日照时数 2114.2 小时，年均雷暴日数 19 天，年均雾日 22 天，年均霜日 67 天，最多年霜日 90 天，年均大风日 7 天。全年气温、降水、日照均正常。新郑市多年平均地表水资源 0.5924 亿立方米，地下水资源 1.3832 亿立方米，人均占有水资源量 236 立方米，是全国人均占有水资源量的 1/10，是河南省人均占有水资源量的 1/2；亩均水资源量 240 立方米。土壤类型多样，主要以褐土、潮土与风砂土为主，地貌类型有山地、丘陵、岗地和平原等，山地和丘陵集中分布在西南部和西部，岗地主要分布在山丘外围和中部地带，平原多集中于京广铁路以东的黄河古阶地上，其中包括八千乡、龙王乡的大部分地区及和庄镇、薛店镇、孟庄镇的部分地区，主要为平原高效区、低山丘陵区和沙丘岗区三个不同生态类型区，是粮食生产核心区的典型区域。

2.2　土样的野外采集

根据研究区的土壤类型、地形特征和空间变异特点，兼顾行政单元（以乡镇或村为单元的完整性），采用 2km×2km 规则网格法布设采样点，形成的空间数据库中每个点包括编号、经纬度坐标、所属乡镇、邻近村庄等基本信息。依据样点图和点位属性表，用 GPS 精确定位去野外采样，采样深度为 0~30cm 土壤表层，并记录实际采样点坐标及详细的样地特征信息，本次共采集 154 个土壤样品，剔除土样中植物根茎残体及砖瓦片等侵入体，经室内自然风干、研磨并通过 1mm 孔筛后，采用四分法取样，一式两份，一份用于实验室理化性质测定，另一份用于土壤光谱的测定。本书主要测定的土壤属性有土壤 pH 值、SOM、AN、AP、AK、Fe、Cr、Cd、Zn、Cu、Pb。样品测试在中国科学院南京土壤研究所分析测试中心完成，为保证分析质量，用国家地球化学标准样进行质量控制。

2.3 土样光谱室内测定

采用 ASD 光谱仪在室内条件下对土壤样品进行光谱测定。光谱测试仪器是美国 ASD 公司生产的 ASD Field Spec 3 型光谱仪，光谱分辨率为 3nm@700nm，10nm@/400nm&2100nm，光谱范围为 350nm~2500nm，其中 350nm~1000nm 光谱采样间隔为 1.4nm，在 1000nm~2500nm 范围内光谱采样间隔为 2nm，重采样间隔为 1nm。在进行光谱测定之前，将土壤盛装在直径为 10cm，深度为 2cm 的黑色器皿中，先将土壤表面经过刮平处理，即用尺子沿土样器皿边缘朝同一方向刮平备用，然后将装满的土壤盛样皿放在反射率近似为零的黑色橡胶垫上，用功率为 50W 卤化灯作为光源，探头视场角为 25°，光源入射角度为 45°，光源距离为 15cm，探头距离为 15cm。为降低土样光谱各向异性的影响，测量时转动盛样皿 3 次，每次转动角度约 90°，共获取 4 个方向的土样光谱，每次采集目标光谱前后都要进行参考板校正，重复测量 5 次，共 20 次，利用 View Spec Pro 软件取光谱反射率平均值作为原始反射率光谱值。由于波段测试范围两头（350nm 和 2500nm）附近为光谱数据不稳定区域，去除外界噪声影响较大的 350nm~399nm 和 2401nm~2500nm 两段数据，如图 2-1 所示。

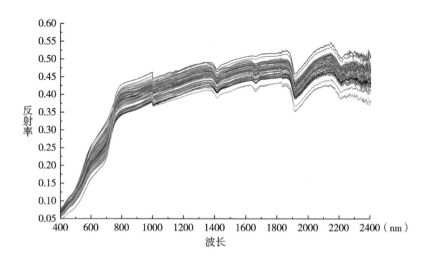

图 2-1 土壤原始光谱曲线

2.4 土壤属性统计特征分析

2.4.1 新郑市土壤属性统计特征分析

本书主要分析土壤 pH 值、SOM、AN、AP、AK、Fe、Cr、Cd、Zn、Cu 和 Pb 等土壤属性。对土壤属性的描述统计方法包括最大值、最小值、平均值、标准差和变异系数。均值和平均值是两种广泛使用于描述数据集中趋势的方法。标准差能反映数据集的离散程度；变异系数（CV）为标准差和平均值的比值，反映了特性参数的空间变异程度，揭示了区域化变量的离散程度，变异系数越大，说明数据间的差异和离散程度越大，较大的标准差和变异系数有利于模型的构建，使所建模型也更具普适性。一般认为，CV<0.1 为弱变异性，0.1≤CV≤1 为中等变异性，CV>1 为高度变异性（邵明安，2006）。

本书共测定了新郑市高标准基本农田建设区域的 154 个土壤样本的土壤属性含量，即 pH 值、SOM、AN、AP、AK、Fe、Cr、Cd、Zn、Cu、Pb，统计特征如表 2-1 所示。

表 2-1 新郑市土壤属性统计特征分析

	pH	SOM g·kg^{-1}	AN mg·kg^{-1}	AP mg·kg^{-1}	AK mg·kg^{-1}	Fe g·kg^{-1}	Cr mg·kg^{-1}	Cd mg·kg^{-1}	Zn mg·kg^{-1}	Cu mg·kg^{-1}	Pb mg·kg^{-1}
最小值	7	5.41	33.08	4	65	16.5	34.4	0.06	27.4	5	9.3
最大值	7.95	19.8	125.9	38.8	185	28.5	80.8	0.3	58.2	25.8	32.7
平均值	7.64	14.67	79.19	15.89	94.78	22.55	58.50	0.17	45.83	15.24	20.25
标准差	0.23	2.55	16.05	8.90	27.93	2.80	11.59	0.06	7.89	4.70	6.91
变异系数	0.03	0.17	0.20	0.56	0.30	0.12	0.20	0.37	0.17	0.31	0.34
样本数	154	154	154	154	154	154	154	154	154	154	154

由表 2-1 可知，在新郑市高标准基本农田建设区域采集的 154 个样本的土壤属性中，pH 值在 7~7.95 之间，平均值为 7.64；有机质含量在 5.41~19.8g·kg^{-1} 之间，平均值为 14.67g·kg^{-1}；碱解氮含量在 33.08~125.9mg·kg^{-1} 之间，平均值为 79.19mg·kg^{-1}；速效磷含量在 4~38.8mg·kg^{-1} 之间，平均值为 15.89mg·

kg^{-1}；速效钾含量在 65~185mg·kg^{-1} 之间，平均值为 94.78mg·kg^{-1}；Fe 含量在 16.5~28.5g·kg^{-1} 之间，平均值为 22.55g·kg^{-1}；土壤重金属 Cr、Cd、Zn、Cu、Pb 的含量在 0.06~80.8mg·kg^{-1} 之间，涉及范围广。标准差范围除了 pH 值为 0.23，Cd 为 0.06，速效钾的标准差最大为 27.33，其余土壤属性的标准差为 2.55~16.05；从变异系数来看，pH 值为 0.03，变异程度为弱变异，其余土壤属性为 0.12~0.56，变异程度为中等变异性。

2.4.2　土壤属性间的相关性

将新郑市高标准基本农田建设区域土壤属性的有机质（SOM）、碱解氮（AN）、速效磷（AP）、速效钾（AK）、pH 值、铁（Fe）、铬（Cr）、镉（Cd）、锌（Zn）、铜（Cu）、铅（Pb）进行相关分析①，相关系数如表 2-2 所示。

表 2-2　土壤属性间的相关系数

土壤属性	pH	SOM	AN	AP	AK	Fe	Cr	Cd	Zn	Cu	Pb
pH	1										
SOM	−0.150	1									
AN	−0.323**	0.741**	1								
AP	−0.467**	0.273**	0.361**	1							
AK	−0.220**	−0.189*	0.091	0.176*	1						
Fe	−0.182*	0.311**	0.225**	0.029	0.141	1					
Cr	−0.013	−0.061	−0.125	0.082	−0.039	0.079	1				
Cd	0.002	0.081	−0.119	−0.109	−0.061	−0.065	−0.119	1			
Zn	0.179*	0.373**	0.069	0.138	−0.012	0.167*	−0.135	0.101	1		
Cu	−0.222**	−0.129	−0.056	0.265**	−0.042	0.299**	0.361**	0.007	−0.309**	1	
Pb	−0.189*	0.191*	0.209**	0.399**	−0.028	0.325**	0.542**	−0.446**	−0.207**	0.422**	1

注：** 表示在 0.01 水平上显著相关；* 表示在 0.05 水平上显著相关。

由表 2-2 可知，土壤 pH 值与 AN、AP、AK 以及 Cu 呈 0.01 水平显著性负相关，与 Fe、Pb 呈 0.05 水平显著性负相关，与 Zn 呈 0.05 水平显著性正相关，与其他土壤属性无显著相关性；SOM 与 AN、AP、Fe、Zn 呈 0.01 水平显著性正相关，与 AK 呈 0.05 水平显著性负相关，与 Pb 呈 0.05 水平显著性正相关，与其他

① 通过 SPSS 统计分析软件中 Pearson 相关分析可得。

土壤属性无显著相关性；AN 与 SOM、AP、Fe、Pb 呈 0.01 水平显著性正相关，与 pH 呈 0.01 水平显著性负相关，与其他土壤属性无显著相关性；AP 与 SOM、AN、Cu、Pb 呈 0.01 水平显著性正相关，与 pH 呈 0.01 水平显著性负相关，与 AK 呈 0.05 水平显著性正相关，与其他土壤属性无显著相关性；AK 与 pH 呈 0.01 水平显著性负相关，与 SOM 呈 0.05 水平显著性负相关，与 AP 呈 0.05 水平显著性正相关，与其他土壤属性无显著相关性；Fe 与 SOM、AN、Cu、Pb 呈 0.01 水平显著性正相关，与 pH 呈 0.05 水平显著性负相关，与 Zn 呈 0.05 水平显著性正相关，与其他土壤属性无显著相关性；Cr 与 Cu、Pb 呈 0.01 水平显著性正相关，与其他土壤属性无显著相关性；Cd 与 Pb 呈 0.01 水平显著性负相关，与其他土壤属性无显著相关性；Zn 与 Cu、Pb 呈 0.01 水平显著性负相关，与 SOM 呈 0.01 水平显著性正相关，与 pH、Fe 呈 0.05 水平显著性负相关，与 pH 呈 0.05 水平显著性正相关，与其他土壤属性无显著相关性；Cu 与 AP、Fe、Cr、Pb 呈 0.01 水平显著性正相关，与 pH、Zn 呈 0.01 水平显著性负相关，与其他土壤属性无显著相关性；Pb 与 AN、AP、Fe、Cr、Cu 呈 0.01 水平显著性正相关，与 Cd、Zn 呈 0.01 水平显著性负相关，与 pH 呈 0.05 水平显著性负相关，与 SOM 呈 0.05 水平显著性正相关，与 AK 无显著相关性。由此可知，土壤属性之间大多数均存在显著相关和极显著相关，说明新郑市高标准基本农田建设区域的土壤属性之间具有不同程度的相似性，且互相影响。

2.5　土壤属性的光谱反射特征

通过光谱仪共采集了新郑市 154 个土壤样本的光谱，其中山地丘陵区共 55 个土壤样本光谱，平原高效区共 71 个土壤样本光谱，沙丘岗区共 28 个土壤样本光谱，分别对各类型区土壤样本光谱平均，如图 2-2 所示。

由图 2-2 可知，四条光谱曲线整体趋势相似，土壤反射率在可见光区域（400nm~780nm）呈现快速上升趋势，只是变化速率不同，光谱曲线较陡；近红外波段区域（780nm~2400nm）变化较平缓，但在 1400nm、1900nm、2200nm 波段处有明显的吸收谷，即水分吸收带，这些波段通常被认为是与黏土矿物中所含的羟基（-OH）有关。通常认为 1400nm 附近为羟基（-OH）带谱，1900nm 附近为 H_2O 谱带，2200nm 附近为羟基伸缩振动与 AL-OH 和 Mg-OH 弯曲振动的合

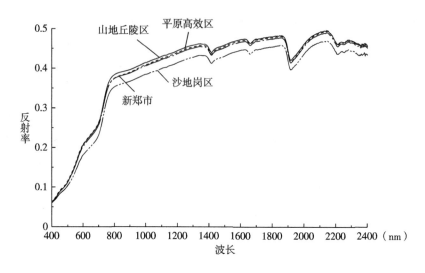

图 2-2　土壤平均光谱反射率曲线

谱带（季耿善和徐彬彬，1987；彭杰等，2013）。500nm 和 1000nm 附近的吸收主要是由于铁锰氧化物引起（吴明珠等，2014）。对比四条平均光谱曲线，沙丘岗区的平均光谱曲线较低，新郑市的平均光谱曲线居中，平原高效区平均光谱最接近新郑市平均光谱，而山地丘陵区的平均光谱曲线最高；其中在 400～500nm 范围四条光谱曲线几乎重叠，500nm 开始四条平均光谱开始出现差异，但是平原高效区、沙地岗区的平均光谱与新郑市的平均光谱差异较小，沙丘岗区的光谱曲线与其他三条光谱曲线有明显差异。

2.6　光谱预处理

在 ASD 光谱仪采集、获取以及传输光谱信号的过程中，除土壤本身的光谱信息外，会产生如样品背景信息、仪器本身的一些噪声信息和一些杂散光信息等噪声。因为噪声光谱偏离了真实状况，必然影响到估算土壤属性含量，所以有必要进行光谱降噪预处理，消除与样品光谱无关的噪声信息。

2.6.1　去阶跃处理

由于 ASD Field Spec 3 型光谱仪在 350nm～2400nm 波段内由三个探测元件组

成，350nm～1000nm 是低噪声 512 阵元的 PDA，1000nm～1800nm 波段和 1800nm～2400nm 波段内采用的是两个 INGaAs 探测元件单元，所以在 1000nm 处会出现两类探测元件转换出现的阶跃，在 1000nm～1800nm 和 1800nm～2400nm 处反射率曲线会有阶跃（见图 2-3（a））。因此，需要使用 ViewSpecPro6.0 软件中的 Splice Correction 修正功能对数据进行修正，消除仪器不同探测元件对光谱数据的影响，经修正后光谱曲线变得光滑（见图 2-3（b））。

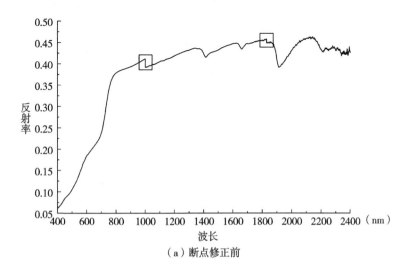

（a）断点修正前

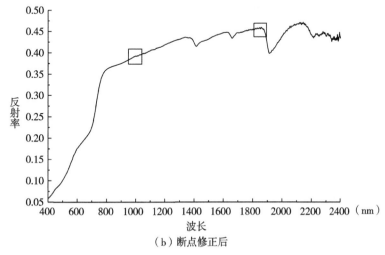

（b）断点修正后

图 2-3　断点修正前后的光谱反射率

2.6.2 光谱平滑

由于光谱仪滋生与外界因素的干扰，光谱曲线可能存在许多"毛刺"噪声，信噪比降低。为了得到平稳变化的光谱，提高信噪比，需要对光谱数据进行平滑处理。卷积平滑法（Savitzky-Golay，SG）由 Savitky 和 Golay（1964）提出，是一种加权平均法，通过利用多项式方法对移动窗口区间内的待测数据进行最小二乘拟合得到平滑点数据，是目前采用较为广泛的平滑方法。在 SG 滤波的过程中需要选取适合的平滑点数及多项式拟合次数，取平滑点数越多，光谱曲线越平滑，但同时会损失部分信息。因此，采用基于 9 点 2 次多项式的 Savitzky-Golay 滤波平滑，在 Unscrambler 9.7 软件中的 Transform 工具进行平滑去噪处理，如图 2-4 所示。

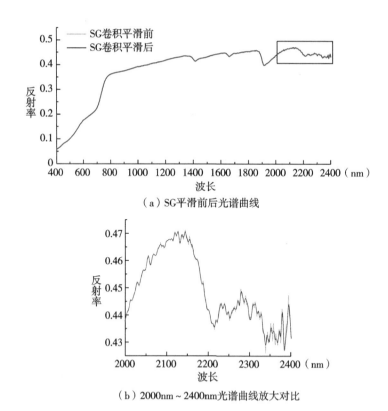

（a）SG平滑前后光谱曲线

（b）2000nm～2400nm光谱曲线放大对比

图 2-4　SG 平滑前后光谱曲线及 2000nm～2400nm 光谱曲线放大对比

为了更好地突出平滑处理的效果，对 2000nm ~ 2400nm 的波段曲线进行放大（见图 2-5（b）），通过对比 SG 平滑前后细节，可知采用 SG 平滑在有效去除噪声的同时，较好地保存了光谱曲线的总体特征。将经过 SG 滤波平滑后的光谱反射率曲线作为土壤样本用于光谱变换和反演建模的原始反射率光谱曲线。

2.6.3　光谱变换

为了寻找土壤属性含量与光谱反射率的敏感关系，需要对 SG 平滑后光谱反射率进行光谱变换。光谱变换方式主要有多元散射校正（Multiplicative Scatter Correction，MSC）、倒数对数（log（1/R），LOG）、一阶微分（First order Differential Reflectance，FD）、二阶微分（Second order Differential reflectance，SD）和去包络线（Continuum Removal，CR）等。

多元散射校正进行光谱反射率数据处理，消除颗粒分布不均匀及颗粒大小产生的样品表面散射及光程变化对红外漫反射光谱的散射影响。光谱反射率经倒数对数变换后，不仅可以增强可见光区域的光谱差异性，而且可以减少因光照条件变化、地形变化等引起的乘性因素影响。

光谱微分技术（Spectral Derivation Technology），是一种常用且有效的分析技术，可以消除基线漂移或平缓背景干扰，在一定程度上减弱土壤类型、样品粒度等因素的影响，对重叠混合光谱进行分解以便识别，扩大样品之间的光谱特征差异，有助于吸收特征的提取，并提供比原始光谱更高的分辨率和更清晰的光谱轮廓变换。

去包络线作为一种光谱分析方法最早由 Clark 和 Roush（1984）提出，定义为逐点直线连接随波长变化的吸收或反射凸出的"峰"值点，并使折线在"峰"值点上的外角大于180°（童庆禧等，2006），计算实际光谱反射率值与包络线上相应波段反射率值的比值，使光谱值归一化到 0 ~ 1（李淑敏等，2011），可以有效地突出光谱曲线的吸收和反射特征，提取特征波段。通过对光谱适当变换，可以减弱甚至消除各种噪声的影响，提高光谱灵敏度，从而提高校正模型的预测能力和稳定性。

研究中的多元散射校正、一阶微分、二阶微分均在 Unscrambler 9.7 软件中完成，去包络线在 Envi4.8 软件中通过构建波普数据库得到。多元散射校正、倒数对数、一阶微分、二阶微分和去包络线不同光谱变换形式的光谱曲线如图 2-5所示。

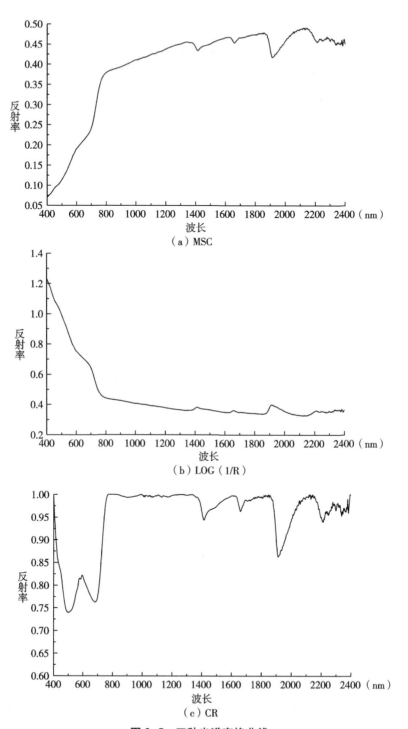

（a）MSC

（b）LOG（1/R）

（c）CR

图 2-5　五种光谱变换曲线

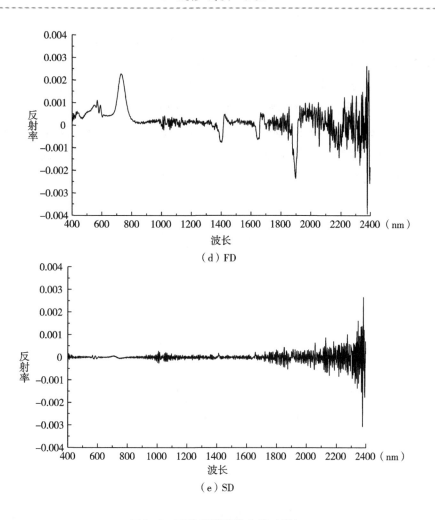

（d）FD

（e）SD

图 2-5　五种光谱变换曲线（续）

由图 2-5 可知，五种不同变换的光谱曲线形状存在明显差异，多元散射校正与原始光谱曲线的变化趋势基本相同，在有效去除噪声的同时，较好地保存了光谱曲线的总体特征；而倒数对数与原始光谱曲线的变换趋势正好相反，其中波段范围在 400nm~600nm 的光谱曲线特征被放大，波段范围在 1000nm~2400nm 的光谱曲线特征被弱化，对比原始光谱反射率更为平缓，在 1400nm、1900nm 和 2200nm 处的特征信息也在一定程度上被削弱。总之，多元散射校正和倒数对数光谱曲线在整个波段范围的变化和特征并没有达到本质的增强。

一阶微分、二阶微分、去包络线的变换，均使原始光谱曲线的波峰、波谷等特征信息得到放大，并呈现较大幅度的波动，虽然波动程度各有不同，且都出现几处相同波段变化剧烈的情况。一阶微分和二阶微分光谱变换后的光谱曲线较原始光谱曲线的反射率有了明显的减小，基本在零值上下波动；去包络线的光谱反射率曲线不仅增强了原始光谱曲线 1400nm、1900nm 和 2200nm 附近的光谱特征，还突出了 410nm、500nm 和 700nm 的弱吸收特征。总之，通过去包络线、一阶微分、二阶微分光谱变换增强了原始光谱曲线的弱吸收特征信息，提高了信噪比，有助于有效特征波段的提取。

2.7　本章小结

首先，本章介绍了本书的研究区域概况，分析了研究区土壤属性的统计特征及土壤属性间的相关性。数据的处理是所有研究最为关键的一个环节，特别是高光谱遥感研究获取的数据是否真实可靠对后期的高光谱定量反演的精确度有至关重要的意义。

其次，本章介绍了样本的采集方法和光谱数据的测定方法，分析了土壤属性的光谱特征。光谱处理技术是高光谱遥感技术的核心，如何对获取的高光谱数据进行处理，挑选出研究所需特征波段数据、去除冗余数据是高光谱遥感技术的前提。

最后，本章介绍了光谱反射率进行去阶跃处理、SG 滤波平滑、多元散射校正（MSC）、倒数对数（LOG）、一阶微分（FD）、二阶微分（SD）和去包络线（CR）等光谱预处理技术，并对光谱进行预处理，用于光谱特征波段的选取。

3　土壤光谱特征波段选取

在土壤属性高光谱数据的建模过程中，敏感波段往往通过土壤属性含量与光谱反射率的相关分析进行确定，相关性越高，波段响应越敏感。因此，利用相关分析，对经过预处理后得到的光谱反射率、多元散射校正、倒数对数、一阶微分、二阶微分、去包络线光谱反射率值与土壤属性含量进行相关分析，对相关系数进行 $P=0.01$ 水平上的显著性检验，筛选出新郑市高标准基本农田建设区域的土壤光谱最佳特征波段，作为构建土壤属性单指标反演模型的自变量；在土壤属性与光谱变换的相关性分析的基础上，选取不同土壤属性共用显著性波段作为最佳光谱特征波段，作为建立土壤属性综合反演模型的自变量。

3.1　光谱特征波段选取方法

3.1.1　相关分析

相关分析是用来度量两个或多个变量间的相关关系，能够有效地揭示事物之间统计关系的强弱程度（陈奕云，2011）。而在光谱分析中，通常需要分析变量之间的关系问题，如土壤属性之间的关系、土壤属性与光谱波段变量之间的关系以及土壤属性预测值与实测值之间的关系等。相关分析主要采用图形和数值两种方法，通过计算相关系数揭示不同土壤属性之间的相关关系，并通过显著性相关分析寻找土壤属性与光谱变量之间的显著相关波段，而土壤属性预测值与实测值之间则通常通过图形方式建立线性相关结合直线 $y=x$ 以检验反演模型的精度（乔璐，2013）。

两个变量的线性相关关系主要有正相关、负相关和无相关。统计学中，常用系数 R 或决定系数 R^2 来描述两个变量之间的线性相关程度。相关系数 R 的计算公式为：

$$R = \frac{\sum_{i=1}^{n}(x_i - \overline{x})(y_i - \overline{y})}{\sqrt{\sum_{i=1}^{n}(x_i - \overline{x})^2} \times \sqrt{\sum_{i=1}^{n}(y_i - \overline{y})^2}} \qquad (3\text{--}1)$$

式中，x_i、y_i（$i=1, 2, \cdots, n$）为两个变量 x 和 y 的样本值；$\overline{x}$、$\overline{y}$ 为两个变量的样本值的平均值；n 为两个变量的样本值的个数。R 或 R^2 的取值范围为 $-1 \leqslant R \leqslant +1$，当变量之间呈现完全相关（相关系数为 1）时为函数关系，不存在任何关系时，相关系数（接近）为零（褚小立，2011）。

根据相关分析设置的置信区间为 99%、95% 等，检验相关分析的显著水平，若 $T > |t_a|$，表示在设定的置信水平上存在正相关；若 $T < -|t_a|$，表示在设定的置信水平上存在负相关；若 $-|t_a| < T < |t_a|$，则认为彼此不相关。本书主要选用置信水平为 99%，即 $P = 0.01$ 水平上的显著性检验，选取土壤光谱的显著相关波段作为自变量用于高光谱反演模型的构建。

3.1.2 模糊聚类最大树法

模糊理论是由美国控制论专家扎德教授于 1965 年创立的模糊集合理论的数学基础上发展起来的，该理论在数学领域及许多其他领域中得到了广泛应用（刘琦，2004）。模糊聚类数是采用模糊数学方法，依据客观事物间的特征、相似性和亲疏程度，通过建立相似关系对客观事物进行分类的一门多元技术（李洪兴和汪培庄，1994；汪培庄，1983）。由于现实的分类往往伴随着模糊性，因此采用模糊理论进行聚类更符合客观实际。

采用最大树法进行模糊聚类分析的基本步骤如下：

（1）建立样本集矩阵

设样本集 $U = \{x_1, x_2, \cdots, x_n\}^T$，$n$ 表示样本数，每一个样本有一个 m 维向量表征，即每个样本有 m 项指标，即

$$U = \begin{bmatrix} x_{11} & x_{12} & \cdots & x_{1m} \\ x_{21} & x_{22} & \cdots & x_{2m} \\ \vdots & \vdots & \vdots & \vdots \\ x_{n1} & x_{n2} & \cdots & x_{nm} \end{bmatrix} \qquad (3\text{--}2)$$

（2）建立模糊相似矩阵

根据给定的样本特征数据，采用相关系数法建立模糊相似矩阵 $R = (r_{ij})_{n \times n}$，

r_{ij} 为不同样本之间的相似系数，即

$$R = \begin{bmatrix} r_{11} & r_{12} & \cdots & r_{1n} \\ r_{21} & r_{22} & \cdots & r_{2n} \\ \vdots & \vdots & \vdots & \vdots \\ r_{n1} & r_{n2} & \cdots & r_{nn} \end{bmatrix} \quad i, j = 1, 2, \cdots, n; \ 0 \leqslant r_{ij} \leqslant 1 \tag{3-3}$$

（3）最大树生成

以被分类对象比较集中的某一个点 x_i 为顶点，以模糊相似矩阵 R 中的 r_{ij} 为权重按照由大到小的顺序进行排列，要求不产生回路（即圈），直到所有顶点都连通为止，构成特殊的图，即最大树（最大树可以不唯一）。

（4）聚类

选取适当的阈值 λ，将权重 $r_{ij} < \lambda$ 的枝砍掉，得到一个不连通的图，各个连通的分枝便构成了在水平 λ 上的分类，有几个分枝表明分为几类。

本书采用系统聚类法计算土壤属性与光谱指标的相关系数曲线之间的模糊相似系数，构建模糊相似矩阵，确定不同土壤属性与光谱指标的相关系数的相似性。在此基础上，采用最大树分类法进行分类，以确定不同土壤属性共用的高光谱反演波段。

3.2　土壤属性与光谱反射率相关性分析

3.2.1　土壤 pH 值与光谱反射率相关性分析

通过对新郑市高标准基本农田建设区域土壤 pH 值与 SG、多元散射校正、倒数对数、一阶微分、二阶微分、去包络线六种光谱变换的相关分析，得到土壤属性与对应光谱反射率的相关系数曲线，并作相关系数在 $P = 0.01$ 水平的显著性检验，如图 3-1 和表 3-1 所示。

从图 3-1 可以看出，各种光谱变换形式的光谱数据和土壤 pH 值的相关性各不相同。其中，与 SG 平滑后的光谱反射率和倒数对数变换 LOG 的相关系数曲线相对较为平滑，且两条曲线成对称显示。

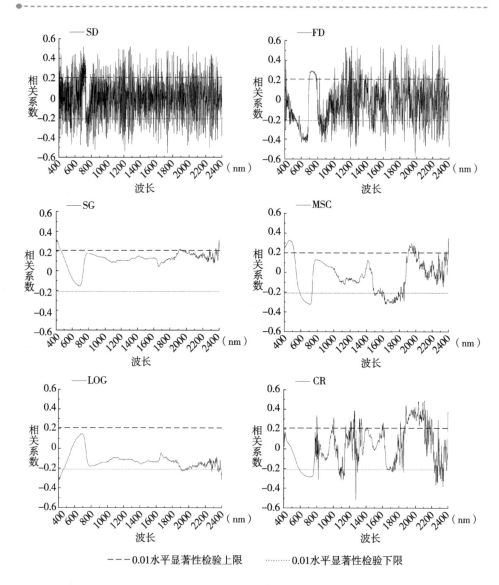

－－－0.01水平显著性检验上限　　　……0.01水平显著性检验下限

图 3-1　土壤 pH 值与不同变换光谱反射率的相关系数

与多元散射校正光谱的相关系数在 400nm～1700nm 范围的曲线较平滑，在 1700nm～2400nm 范围开始出现上下频繁波动，与去包络线光谱的相关系数曲线变化趋势相一致。

与一阶微分光谱、二阶微分光谱的相关系数不再呈近似单一变化，而是在正负值之间频繁波动，与一阶微分光谱的相关系数曲线在 400nm～800nm 范围出现一个"波谷"或"波峰"。

与去包络线光谱的相关系数曲线也出现上下频繁波动，尤其是在 800nm～1400nm 和 1600nm～2400nm，在 400nm～800nm 与 SG 平滑光谱相关系数曲线基本一致，在 1700nm～2400nm 与多元散射校正光谱相关系数曲线基本一致。

表 3-1　不同变换光谱反射率与土壤 pH 值相关系数的最值及对应波段

光谱变换	波段数	最大波段（nm）	相关系数
SG	127	400	0.324
LOG	153	400	−0.328
MSC	621	2398	0.347
FD	728	1985	−0.572
SD	619	1736	−0.561
CR	694	1275	−0.514

从表 3-1 可以看出，土壤 pH 值与 SG 光谱反射率和倒数对数光谱的显著相关系数的波段数、最大相关波段基本一致。由于相关系数曲线关于 x 轴对称，最大波段相关系数绝对值基本一致并呈现相反关系。

与 SG 光谱反射率的显著相关波段数相比，土壤 pH 值与多元散射校正光谱、倒数对数光谱、一阶微分光谱、二阶微分光谱、去包络线光谱的显著相关波段数均增加，其中与一阶微分光谱的相关波段数最多。

从最大相关波段的相关系数来看，土壤属性与倒数对数光谱、多元散射校正光谱、一阶微分光谱、二阶微分光谱、去包络线光谱的最大相关波段的相关系数较 SG 平滑光谱均有所增大，其中一阶微分光谱的最大相关波段的相关系数最大。

综上所述，土壤光谱反射率经过多元散射校正、倒数对数、一阶微分、二阶微分、去包络线光谱变换后与土壤 pH 值的显著相关性均增加，其中与一阶微分光谱的相关性最显著。光谱反射率经过倒数对数、多元散射校正、一阶微分、二阶微分和去包络线变换后的光谱可以有效突出土壤隐藏的光谱反射率特征，与土壤 pH 值的显著相关性均增加，可以选用六种光谱变换下通过 $P=0.01$ 显著性水平的相关波段作为光谱特征波段，用于构建土壤 pH 值的反演模型。

3.2.2　土壤有机质与光谱反射率相关性分析

通过对新郑市高标准基本农田建设区域土壤有机质含量与 SG、多元散射校正、倒数对数、一阶微分、二阶微分、去包络线六种光谱变换依次进行相关分析，得到土壤属性与对应光谱反射率的相关系数曲线，并作相关系数在 $P=0.01$ 水平的显著性检验，结果如图3-2和表3-2所示。

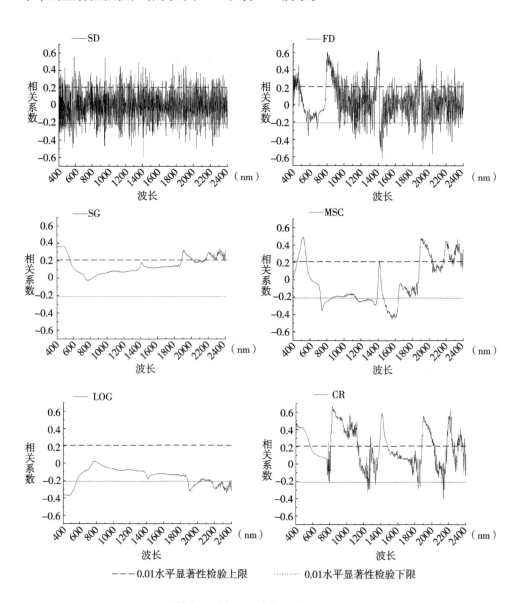

———0.01水平显著性检验上限　⋯⋯⋯⋯0.01水平显著性检验下限

图3-2　土壤有机质与不同变换光谱反射率的相关系数

从图3-2可以看出，各种光谱变换形式的光谱数据和土壤有机质的相关性各不相同。其中，与 SG 平滑后的光谱反射率和倒数对数光谱的相关系数曲线相对较为平滑，且两条曲线成对称显示。

与多元散射校正光谱的相关系数在 400nm～1700nm 范围的曲线较平滑，在 1700nm～2400nm 范围开始出现上下频繁波动，与去包络线光谱的相关系数曲线变化趋势相一致。

与一阶微分、二阶微分的相关系数不再呈近似单一变化，而是在正负值之间频繁波动，与一阶微分的相关系数曲线在 400nm～800nm 范围出现一个"波谷"或"波峰"。

与去包络线光谱的相关系数曲线也出现上下频繁波动，尤其是在 800nm～1400nm 和 1600nm～2400nm，在 400nm～800nm 与 SG 平滑光谱相关系数曲线基本一致，在 1700nm～2400nm 与多元散射校正光谱相关系数曲线基本一致。

表3-2 不同变换光谱反射率与土壤有机质相关系数的最值及对应波段

光谱变换	波段数	最大波段（nm）	相关系数
SG	530	468	0.371
LOG	540	467	−0.374
MSC	1023	1023	0.495
FD	555	1399	0.317
SD	443	1414	−0.597
CR	906	831	0.671

从表 3-2 可以看出，土壤有机质含量与 SG 光谱反射率和倒数对数光谱的显著相关系数的波段数、最大相关波段基本一致。由于相关系数曲线关于 x 轴对称，最大波段相关系数绝对值一致并呈现相反关系。

与 SG 光谱反射率的显著相关波段数相比，有机质与 SG 光谱、倒数对数光谱和一阶微分光谱的显著相关波段数基本一致，与二阶微分光谱的显著相关波段数减少，与多元散射校正光谱、去包络线光谱的显著相关波段数增加，其中与多元散射校正光谱的显著相关波段数最多。

从最大相关波段的相关系数来看，土壤有机质与 SG 光谱、倒数对数光谱的最大相关波段的相关系数基本相同但有增加；与一阶微分变换光谱的最大相关波段的相关系数减小；与多元散射校正光谱、二阶微分光谱、去包络线变换光谱的最大相关波段的相关系数均增大，其中去包络线变换光谱的最大相关波段的相关系数最大。

综上所述，除一阶微分变换光谱外，土壤光谱反射率经过多元散射校正、倒数对数、二阶微分、去包络线光谱变换后与土壤有机质的显著相关性均增加，其中与去包络线光谱的相关性最显著。光谱反射率经过倒数对数、多元散射校正、一阶微分、二阶微分和去包络线变换后的光谱可以有效突出土壤隐藏的光谱反射率特征，可以选用六种光谱变换下通过 $P=0.01$ 显著性水平的相关波段作为光谱特征波段，用于构建土壤有机质的反演模型。

3.2.3　土壤碱解氮与光谱反射率相关性分析

通过对新郑市高标准基本农田建设区域土壤碱解氮含量与SG、多元散射校正、倒数对数、一阶微分、二阶微分、去包络线六种光谱变换依次进行相关分析，得到土壤属性与对应光谱反射率的相关系数曲线，并作相关系数在 $P=0.01$ 水平的显著性检验，如图3-3和表3-3所示。

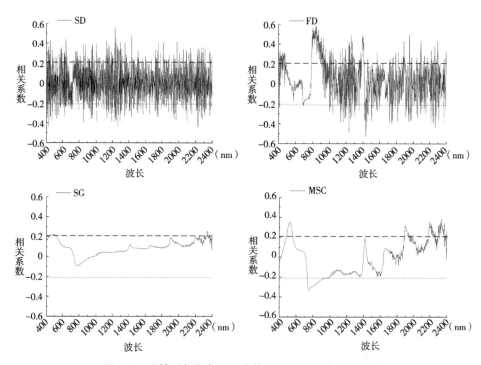

图3-3　土壤碱解氮与不同变换光谱反射率的相关系数

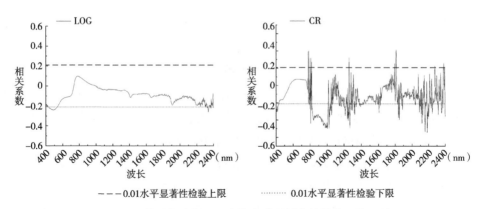

－ － － 0.01水平显著性检验上限　　　……… 0.01水平显著性检验下限

图3-3　土壤碱解氮与不同变换光谱反射率的相关系数（续）

从图3-3可以看出，各种光谱变换形式的光谱数据和土壤碱解氮含量的相关性各不相同。其中，与SG平滑后的光谱反射率和倒数对数变换的相关系数曲线相对较为平滑，且两条曲线成对称显示。

与多元散射校正光谱的相关系数在400nm～1700nm范围的曲线较平滑，在1700nm～2400nm范围开始出现上下频繁波动，与去包络线光谱相关系数曲线变化趋势相一致。

与一阶微分、二阶微分的相关系数的变化不再呈近似单一变化，而是在正负值之间频繁波动，与一阶微分的相关系数曲线在400nm～800nm范围出现一个"波谷"或"波峰"。

与去包络线光谱的相关系数曲线也出现上下频繁波动，尤其是在800nm～1400nm和1600nm～2400nm，在400nm～800nm与SG平滑光谱相关系数曲线基本一致，在1700nm～2400nm与多元散射校正光谱相关系数曲线基本一致。

表3-3　不同变换光谱反射率与土壤碱解氮相关系数的最值及对应波段

光谱变换	波段数	最大波段（nm）	相关系数
SG	91	2338	0.26
LOG	132	2338	-0.26
MSC	516	2337	0.388
FD	521	846	0.585
SD	424	1236	0.559
CR	828	1032	0.583

从表3-3可以看出，土壤碱解氮含量与SG光谱反射率和倒数对数光谱的显著相关系数的波段数、最大相关波段一致。由于相关系数曲线关于x轴对称，最大波段相关系数绝对值一致并呈现相反关系。

与SG光谱反射率的显著相关波段数相比，有机质与多元散射校正光谱、倒数对数光谱、一阶微分光谱、二阶微分光谱、去包络线光谱的显著相关波段数均较SG光谱增加，其中与去包络线光谱的显著相关波段数最多。

从最大相关波段的相关系数来看，土壤碱解氮与SG光谱和与倒数对数光谱的最大相关波段的相关系数相同；与多元散射校正光谱、一阶微分光谱、二阶微分光谱、去包络线光谱的最大相关波段的相关系数较SG平滑光谱均有所增大，其中一阶微分光谱的最大相关波段的相关系数最大。

综上所述，光谱反射率经过倒数对数、多元散射校正、一阶微分、二阶微分和去包络线变换后的光谱可以有效突出土壤隐藏的光谱反射率特征，可选用六种光谱变换下通过$P=0.01$显著性水平的相关波段作为光谱特征波段，用于构建土壤碱解氮的反演模型。

3.2.4 土壤速效磷与光谱反射率相关性分析

通过对新郑市高标准基本农田建设区域土壤速效磷含量与SG、多元散射校正、倒数对数、一阶微分、二阶微分、去包络线这六种光谱变换依次进行相关分析，得到土壤属性与对应光谱反射率的相关系数曲线，并作相关系数在$P=0.01$水平的显著性检验，如图3-4和表3-4所示。

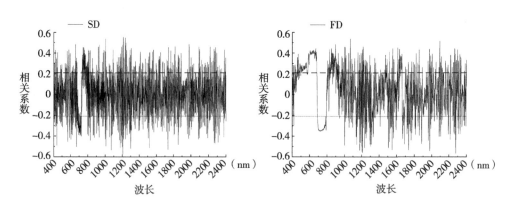

图3-4 土壤速效磷与不同变换光谱反射率的相关系数

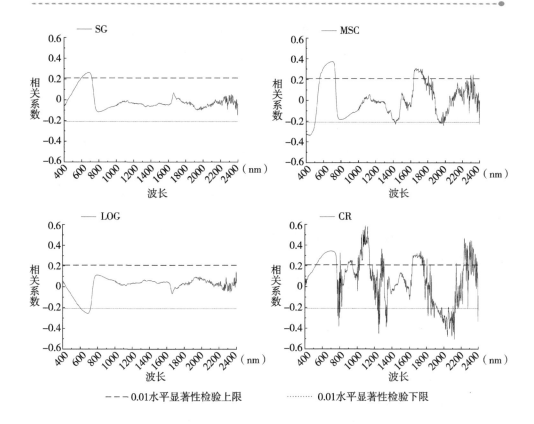

图 3-4　土壤速效磷与不同变换光谱反射率的相关系数（续）

从图 3-4 可以看出，各种光谱变换形式的光谱数据和土壤速效磷含量的相关性各不相同。其中，与 SG 平滑后的光谱反射率和倒数对数变换的相关系数曲线相对较为平滑，且两条曲线成对称显示。

与多元散射校正光谱的相关系数在 400nm～1700nm 范围的曲线较平滑，在 1700nm～2400nm 范围开始出现上下频繁波动，与去包络线光谱的相关系数曲线变化趋势相一致。

与一阶微分光谱、二阶微分光谱的相关系数的变化不再呈近似单一变化，而是在正负值之间频繁波动，与一阶微分光谱的相关系数曲线在 400nm～800nm 范围出现一个"波谷"或"波峰"。

与去包络线光谱的相关系数曲线也频繁出现上下波动，尤其是在 800nm～1400nm 和 1600nm～2400nm，在 400nm～800nm 与 SG 平滑光谱相关系数曲线基本一致，在 1700nm～2400nm 与多元散射校正光谱相关系数曲线基本一致。

表 3-4　不同变换光谱反射率与土壤速效磷相关系数的最值及对应波段

光谱变换	波段数	最大波段（nm）	相关系数
SG	121	686	0.264
LOG	112	686	-0.255
MSC	450	701	0.372
FD	936	2277	-0.566
SD	691	1208	-0.573
CR	320	1093	0.59

从表 3-4 可以看出，土壤速效磷含量与 SG 光谱反射率和倒数对数光谱的显著相关系数的波段数、最大相关波段基本一致。由于相关系数曲线关于 x 轴对称，最大波段相关系数绝对值一致并呈现相反关系。

分别与 SG 光谱反射率的显著相关波段数相比，速效磷与倒数对数光谱的显著相关波段数减少，与多元散射校正光谱、一阶微分光谱、二阶微分光谱、去包络线光谱的显著相关波段数均增加，其中与一阶微分光谱的显著相关波段数最多。

从最大相关波段的相关系数来看，土壤速效磷与倒数对数光谱的最大相关波段的相关系数较 SG 平滑光谱减小；与多元散射校正光谱、一阶微分光谱、二阶微分光谱、去包络线光谱的最大相关波段的相关系数较 SG 平滑光谱均增大，其中与去包络线光谱的最大相关波段的相关系数最大。

综上所述，光谱反射率经过倒数对数、多元散射校正、一阶微分、二阶微分和去包络线光谱可以有效突出土壤隐藏的光谱反射率特征，可以选用六种光谱变换下通过 $P=0.01$ 显著性水平的相关波段作为光谱特征波段，用于构建土壤速效磷的反演模型。

3.2.5　土壤速效钾与光谱反射率相关性分析

通过对新郑市高标准基本农田建设区域土壤速效钾含量与 SG、多元散射校正、倒数对数、一阶微分、二阶微分、去包络线六种光谱变换依次进行相关分析，得到土壤属性与对应光谱反射率的相关系数曲线，并作相关系数在 $P=0.01$ 水平的显著性检验，如图 3-5 和表 3-5 所示。

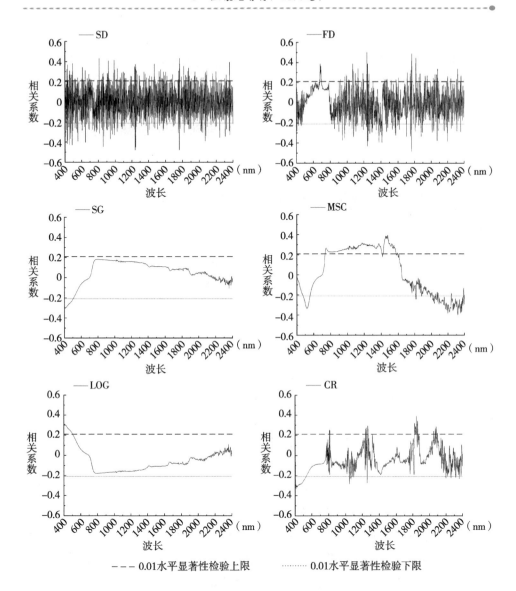

－－－ 0.01水平显著性检验上限　　……… 0.01水平显著性检验下限

图 3-5　土壤速效钾与不同变换光谱反射率的相关系数

从图 3-5 可以看出，各种光谱变换形式的光谱数据和土壤速效钾含量的相关性各不相同。其中，与 SG 平滑后的光谱反射率和倒数对数变换的相关系数曲线相对较为平滑，且两条曲线成对称显示。

与多元散射校正光谱的相关系数在 400nm～1600nm 范围的曲线较平滑，在 1600nm～2400nm 范围开始出现上下频繁波动。

与一阶微分光谱、二阶微分光谱的相关系数的变化不再呈近似单一变化，而是在正负值之间频繁波动，与一阶微分光谱的相关系数曲线在 400nm~800nm 范围出现一个"波谷"或"波峰"。

与去包络线光谱的相关系数曲线也出现上下频繁波动，尤其是在 800nm~1400nm 和 1600nm~2400nm，在 400nm~800nm 与 SG 平滑光谱相关系数曲线基本一致。

表 3-5　不同变换光谱反射率与土壤速效钾相关系数的最值及对应波段

光谱变换	波段数	最大波段（nm）	相关系数
SG	103	400	−0.311
LOG	104	400	0.319
MSC	1288	2318	−0.397
FD	265	1237	0.503
SD	312	1239	−0.478
CR	218	1842	0.390

从表 3-5 可以看出，土壤速效钾含量与 SG 光谱反射率和倒数对数变换光谱的显著相关系数的波段数、最大相关波段基本一致。由于相关系数曲线关于 x 轴对称，最大波段相关系数绝对值一致并呈现相反关系。

与 SG 光谱反射率的显著相关波段数相比，速效钾与多元散射校正光谱、倒数对数光谱、一阶微分光谱、二阶微分光谱、去包络线光谱的显著相关波段数均增加，其中与去包络线光谱的显著相关波段数最多。

从最大相关波段的相关系数来看，土壤速效钾与倒数对数光谱、多元散射校正光谱、一阶微分光谱、二阶微分光谱、去包络线光谱的最大相关波段的相关系数较 SG 平滑光谱均增大，其中与一阶微分光谱的最大相关波段的相关系数最大。

综上所述，光谱反射率经过倒数对数、多元散射校正、一阶微分、二阶微分和去包络线光谱可以有效突出土壤隐藏的光谱反射率特征，可以选用六种光谱变换下通过 $P=0.01$ 显著性水平的相关波段作为光谱特征波段，用于构建土壤速效钾的反演模型。

3.2.6　土壤 Fe 与光谱反射率相关性分析

通过对新郑市高标准基本农田建设区域土壤 Fe 含量与 SG、多元散射校正、倒数对数、一阶微分、二阶微分、去包络线六种光谱变换依次进行相关分析，得到土壤属性与对应光谱反射率的相关系数曲线，并作相关系数在 $P=0.01$ 水平的显著性检验，如图 3-6 和表 3-6 所示。

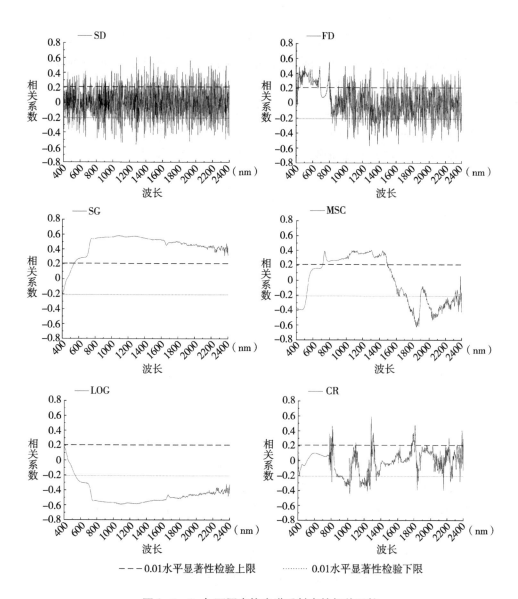

———0.01水平显著性检验上限 ·········· 0.01水平显著性检验下限

图 3-6　Fe 与不同变换光谱反射率的相关系数

从图 3-6 可以看出，各种光谱变换形式的光谱数据和 Fe 含量的相关性各不相同。其中，与 SG 平滑后的光谱反射率和倒数对数变换的相关系数曲线相对较为平滑，且两条曲线成对称显示。

与多元散射校正光谱的相关系数在 400nm~1700nm 范围的曲线较平滑，在 1700nm~2400nm 范围开始出现上下频繁波动。

与一阶微分光谱、二阶微分光谱的相关系数的变化不再呈近似单一变化，而是在正负值之间频繁波动，与一阶微分光谱的相关系数曲线在 400nm~800nm 范围出现一个"波谷"或"波峰"。

与去包络线光谱的相关系数曲线也出现上下频繁波动，尤其是在 800nm~1400nm 和 1600nm~2400nm，在 400nm~800nm 与 SG 平滑光谱相关系数曲线基本一致，在 1700nm~2400nm 与多元散射校正光谱相关系数曲线基本一致。

表 3-6　不同变换光谱反射率与 Fe 相关系数的最值及对应波段

光谱变换	波段数	最大波段（nm）	相关系数
SG	1857	1087	0.585
LOG	1865	1087	−0.590
MSC	1473	1848	−0.626
FD	776	1283	−0.570
SD	583	1452	0.617
CR	383	1281	0.592

从表 3-6 可以看出，Fe 含量与 SG 光谱反射率和倒数对数变换光谱的显著相关系数的波段数、最大相关波段基本一致。由于相关系数曲线关于 x 轴对称，最大波段相关系数绝对值一致并呈现相反关系。

与 SG 光谱反射率的显著相关波段数相比，Fe 与多元散射校正光谱的显著相关波段数增加，与一阶微分光谱、二阶微分光谱、去包络线光谱的显著相关波段数减少，与去包络线光谱的显著相关波段数最少。

从最大相关波段的相关系数来看，土壤属性与一阶微分光谱的最大相关波段的相关系数较 SG 平滑光谱减小，与倒数对数光谱、多元散射校正光谱、一阶微分光谱、二阶微分光谱、去包络线光谱的最大相关波段的相关系数较 SG 平滑光谱均增大，其中与多元散射校正光谱的最大相关波段的相关系数最大。

综上所述，光谱反射率经过倒数对数、多元散射校正、一阶微分、二阶微分和去包络线变换的光谱可以有效突出土壤隐藏的光谱反射率特征，可以选用六种光谱变换下通过 $P=0.01$ 显著性水平的相关波段作为光谱特征波段，用于构建土壤 Fe 的反演模型。

3.2.7 土壤 Cr 与光谱反射率相关性分析

通过对新郑市高标准基本农田建设区域土壤 Cr 含量与 SG、多元散射校正、倒数对数、一阶微分、二阶微分、去包络线六种光谱变换依次进行相关分析，得到土壤属性与对应光谱反射率的相关系数曲线，并作相关系数在 $P=0.01$ 水平的显著性检验，如图 3-7 和表 3-7 所示。

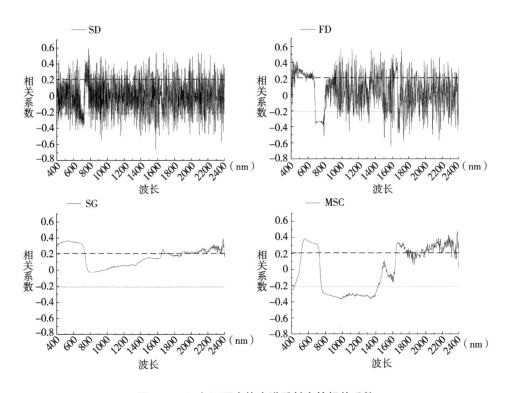

图 3-7 Cr 与不同变换光谱反射率的相关系数

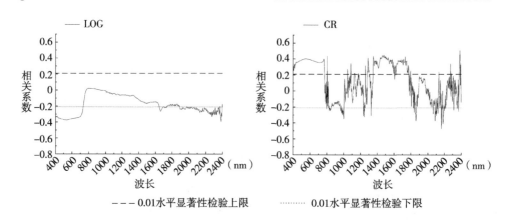

图 3-7　Cr 与不同变换光谱反射率的相关系数（续）

从图 3-7 可以看出，各种光谱变换形式的光谱数据和 Cr 含量的相关性各不相同。其中，与 SG 平滑后的光谱反射率和倒数对数变换的相关系数曲线相对较为平滑，且两条曲线成对称显示。

与多元散射校正光谱的相关系数在 400nm～1500nm 范围的曲线较平滑，在 1500nm～2400nm 范围开始出现上下频繁波动。

与一阶微分光谱、二阶微分光谱的相关系数的变化不再呈近似单一变化，而是在正负值之间频繁波动，与一阶微分光谱的相关系数曲线在 400nm～800nm 范围出现一个"波谷"或"波峰"。

与去包络线光谱的相关系数曲线也出现上下频繁波动，尤其是在 800nm～1400nm 和 1600nm～2400nm，在 400nm～800nm 与 SG 平滑光谱相关系数曲线基本一致。

表 3-7　不同变换光谱反射率与 Cr 相关系数的最值及对应波段

光谱变换	波段数	最大波段（nm）	相关系数
SG	880	2382	0.393
LOG	917	2382	-0.397
MSC	1490	2382	0.478
FD	868	1581	-0.659
SD	666	1579	-0.669
CR	1026	2382	0.510

从表 3-7 可以看出，Cr 含量与 SG 光谱反射率和倒数对数变换光谱的显著相关系数的波段数、最大相关波段基本一致。由于相关系数曲线关于 x 轴对称，最大波段相关系数绝对值一致并呈现相反关系。

与 SG 光谱反射率的显著相关波段数相比，Cr 与一阶微分光谱、二阶微分光谱的显著相关波段数减少，与倒数对数光谱、多元散射校正光谱、去包络线光谱的显著性相关波段数均增加，其中与二阶微分光谱的显著相关波段数最少。

从最大相关波段的相关系数来看，Cr 与倒数对数光谱、多元散射校正光谱、一阶微分光谱、二阶微分光谱、去包络线光谱的最大相关波段的相关系数较 SG 平滑光谱均增大，其中最大的为与二阶微分光谱的最大相关波段的相关系数。

综上所述，光谱反射率经过倒数对数、多元散射校正、一阶微分、二阶微分和去包络线变换后的光谱可以有效突出土壤隐藏的光谱反射率特征，可以选用六种光谱变换下通过 $P=0.01$ 显著性水平的相关波段作为光谱特征波段，用于构建土壤 Cr 的反演模型。

3.2.8　土壤 Cd 与光谱反射率相关性分析

通过对新郑市高标准基本农田建设区域土壤 Cd 含量与 SG、多元散射校正、倒数对数、一阶微分、二阶微分、去包络线六种光谱变换依次进行相关分析，得到土壤属性与对应光谱反射率的相关系数曲线，并作相关系数在 $P=0.01$ 水平的显著性检验，如图 3-8 和表 3-8 所示。

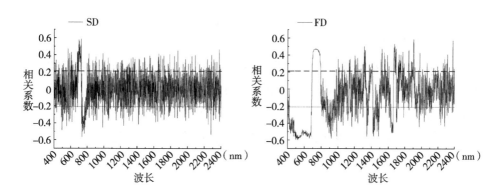

图 3-8　Cd 与不同变换光谱反射率的相关系数

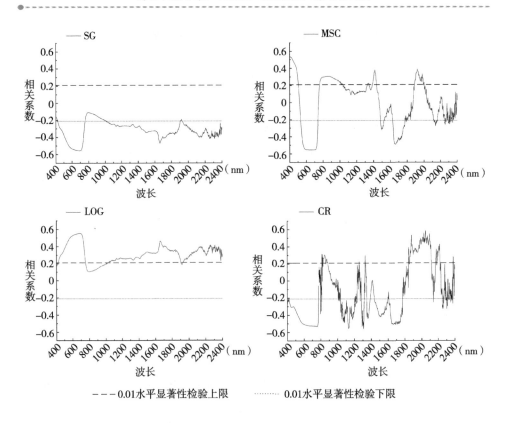

—————0.01水平显著性检验上限　　……… 0.01水平显著性检验下限

图3-8　Cd 与不同变换光谱反射率的相关系数（续）

从图3-8可以看出，各种光谱变换形式的光谱数据和 Cd 含量的相关性各不相同。其中，与 SG 平滑后的光谱反射率和倒数对数光谱的相关系数曲线相对较为平滑，且两条曲线成对称显示。

与多元散射校正光谱的相关系数在 400nm~1500nm 范围的曲线较平滑，在 1500nm~2400nm 范围开始出现上下频繁波动，与去包络线光谱的相关系数曲线变化趋势相一致。

与一阶微分光谱、二阶微分光谱的相关系数的变化不再呈近似单一变化，而是在正负值之间频繁波动，与一阶微分光谱的相关系数曲线在 400nm~800nm 范围出现一个"波谷"或"波峰"。

与去包络线光谱的相关系数曲线也出现上下频繁波动，尤其是在 800nm~1400nm 和 1600nm~2400nm，在 400nm~800nm 与 SG 平滑光谱相关系数曲线基本一致，在 1500nm~2400nm 与多元散射校正光谱相关系数曲线基本一致。

表 3-8　不同变换光谱反射率与 Cd 相关系数的最值及对应波段

光谱变换	波段数	最大波段（nm）	相关系数
SG	1699	688	0.556
LOG	1691	688	0.554
MSC	1033	680	−0.553
FD	948	524	−0.599
SD	644	725	0.587
CR	1408	2047	0.586

从表 3-8 可以看出，Cd 含量与 SG 光谱反射率和倒数对数光谱的显著相关系数的波段数、最大相关波段基本一致。由于相关系数曲线关于 x 轴对称，最大波段相关系数绝对值一致并呈现相反关系。

与 SG 光谱反射率的显著相关波段数相比，Cd 与倒数对数光谱、多元散射校正光谱、一阶微分光谱、二阶微分光谱、去包络线光谱的显著相关波段数减少，其中与二阶微分光谱的显著相关波段数最少。

从最大相关波段的相关系数来看，Cd 与倒数对数光谱、多元散射校正光谱的最大相关波段的相关系数较 SG 平滑光谱较小；与一阶微分光谱、二阶微分光谱、去包络线光谱的最大相关波段的相关系数较 SG 平滑光谱均增大，其中与一阶微分光谱的最大相关波段的相关系数最大。

综上所述，光谱反射率经过倒数对数、多元散射校正、一阶微分、二阶微分和去包络线变换后的光谱可以有效突出土壤隐藏的光谱反射率特征，可以选用六种光谱变换下通过 $P=0.01$ 显著性水平的相关波段作为光谱特征波段，用于构建土壤 Cd 的反演模型。

3.2.9　土壤 Zn 与光谱反射率相关性分析

通过对新郑市高标准基本农田建设区域土壤 Zn 含量与 SG、多元散射校正、倒数对数、一阶微分、二阶微分、去包络线六种光谱变换依次进行相关分析，得到土壤属性与对应光谱反射率的相关系数曲线，并作相关系数在 $P=0.01$ 水平的显著性检验，如图 3-9 和表 3-9 所示。

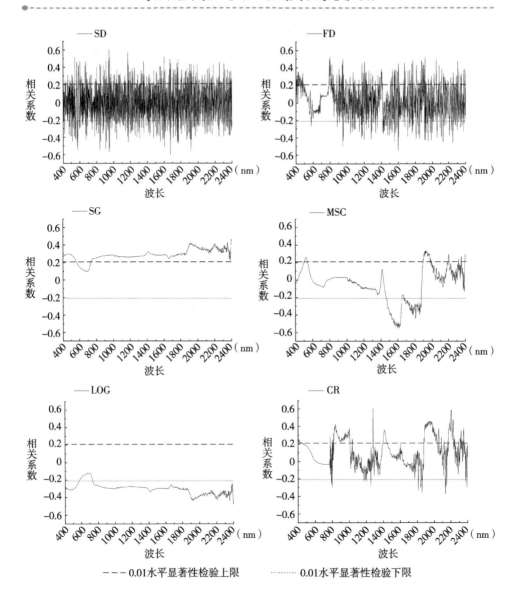

− − − 0.01水平显著性检验上限　　……… 0.01水平显著性检验下限

图 3-9　Zn 与不同变换光谱反射率的相关系数

从图 3-9 可以看出，各种光谱变换形式的光谱数据和 Zn 含量的相关性各不相同。其中与 SG 平滑后的光谱反射率和倒数对数光谱的相关系数曲线相对较为平滑，且两条曲线成对称显示。

与多元散射校正光谱的相关系数在 400nm～1500nm 范围的曲线较平滑，在 1500nm～2400nm 范围开始出现上下频繁波动，与去包络线光谱的相关系数曲线变化趋势相一致。

与一阶微分光谱、二阶微分光谱的相关系数的变化不再呈近似单一变化，而是在正负值之间频繁波动，与一阶微分光谱的相关系数曲线在 400nm~800nm 范围出现一个"波谷"或"波峰"。

与去包络线光谱的相关系数曲线也出现上下频繁波动，尤其是在 800nm~1400nm 和 1600nm~2400nm，在 400nm~800nm 与 SG 平滑光谱相关系数曲线基本一致，在 1500nm~2400nm 与多元散射校正光谱相关系数曲线基本一致。

表 3-9　不同变换光谱反射率与 Zn 相关系数的最值及对应波段

光谱变换	波段数	最大波段（nm）	相关系数
SG	1826	2399	0.470
LOG	1844	2399	−0.476
MSC	546	1601	−0.552
FD	541	1599	−0.545
SD	637	947	0.607
CR	627	1279	0.603

从表 3-9 可以看出，Zn 与 SG 光谱反射率和倒数对数光谱的显著相关系数的波段数、最大相关波段基本一致。由于相关系数曲线关于 x 轴对称，最大波段相关系数绝对值一致并呈现相反关系。

与 SG 光谱反射率的显著相关波段数相比，Zn 与倒数对数光谱的显著相关波段数增加，与多元散射校正光谱、一阶微分光谱、二阶微分光谱、去包络线光谱的显著相关波段数减少，其中与一阶微分光谱的显著波段数最少。

从最大相关波段的相关系数来看，Zn 与倒数对数光谱、多元散射校正光谱、一阶微分光谱、二阶微分光谱、去包络线光谱的最大相关波段的相关系数较 SG 平滑光谱均有所增大，其中与二阶微分光谱的最大相关波段的相关系数最大。

综上所述，光谱反射率经过倒数对数、多元散射校正、一阶微分、二阶微分和去包络线变换后的光谱可以有效突出土壤隐藏的光谱反射率特征，可以选用六种光谱变换下通过 $P = 0.01$ 显著性水平的相关波段作为光谱特征波段，用于构建土壤 Zn 的反演模型。

3.2.10　土壤 Cu 与光谱反射率相关性分析

通过对新郑市高标准基本农田建设区域土壤 Cu 含量与 SG、多元散射校正、倒数对数、一阶微分、二阶微分、去包络线六种光谱变换依次进行相关分析，得到土壤属性与对应光谱反射率的相关系数曲线，并作相关系数在 $P=0.01$ 水平的显著性检验，如图3-10和表3-10所示。

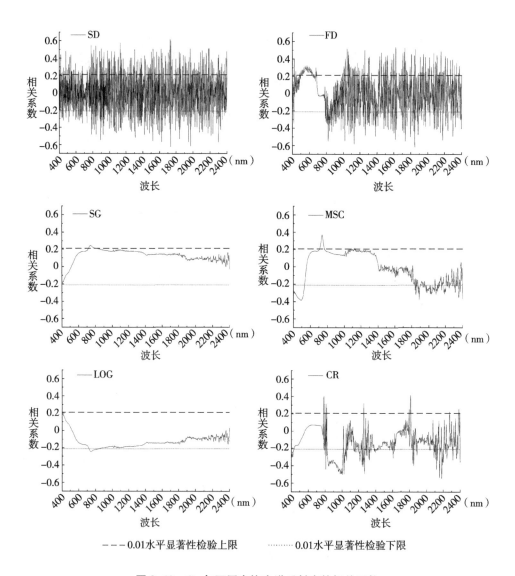

——— 0.01水平显著性检验上限　　　………0.01水平显著性检验下限

图3-10　Cu与不同变换光谱反射率的相关系数

从图3-10可以看出，各种光谱变换形式的光谱数据和Cu的相关性各不相同。其中，与SG平滑后的光谱反射率和倒数对数变换的相关系数曲线相对较为平滑，且两条曲线成对称显示。

与多元散射校正光谱的相关系数在 400nm~1400nm 范围的曲线较平滑，在 1400nm~2400nm 范围开始出现上下频繁波动。

与一阶微分光谱、二阶微分光谱的相关系数的变化不再呈近似单一变化，而是在正负值之间频繁波动，与一阶微分光谱的相关系数曲线在 400nm~800nm 范围出现一个"波谷"或"波峰"。

与去包络线光谱的相关系数曲线也出现上下频繁波动，尤其是在 800nm~1400nm 和 1600nm~2400nm，在 400nm~800nm 与 SG 平滑光谱相关系数曲线基本一致。

表 3-10 不同变换光谱反射率与 Cu 相关系数的最值及对应波段

光谱变换	波段数	最大波段（nm）	相关系数
SG	93	742	0.245
LOG	114	744	−0.247
MSC	497	488	−0.383
FD	791	1847	−0.616
SD	687	1732	−0.623
CR	552	2181	−0.545

从表 3-10 可以看出，Cu 含量与 SG 光谱反射率和倒数对数光谱的显著相关系数的波段数、最大相关波段基本一致。由于相关系数曲线关于 x 轴对称，最大波段相关系数绝对值一致并呈现相反关系。

与 SG 光谱反射率的显著相关波段数相比，Cu 与倒数对数光谱、多元散射校正光谱、一阶微分光谱、二阶微分光谱、去包络线光谱的显著相关波段数均增加，其中与一阶微分光谱的显著相关波段数最多。

从最大相关波段的相关系数来看，Cu 与倒数对数光谱、多元散射校正光谱、一阶微分光谱、二阶微分光谱、去包络线光谱的最大相关波段的相关系数较 SG 平滑光谱均有所增大，其中与二阶微分光谱的最大相关波段的相关系数最大。

综上所述，光谱反射率经过倒数对数、多元散射校正、一阶微分、二阶微分和去包络线变换后的光谱可以有效突出土壤隐藏的光谱反射率特征，可以选用六种光谱变换下通过 $P=0.01$ 显著性水平的相关波段作为光谱特征波段，用于构建土壤 Cu 的反演模型。

3.2.11 土壤 Pb 与光谱反射率相关性分析

通过对新郑市高标准基本农田建设区域土壤 Pb 的含量与 SG、多元散射校正、倒数对数、一阶微分、二阶微分、去包络线六种光谱变换依次进行相关分析，得到土壤属性与对应光谱反射率的相关系数曲线，并作相关系数在 $P=0.01$ 水平的显著性检验，如图 3-11 和表 3-11 所示。

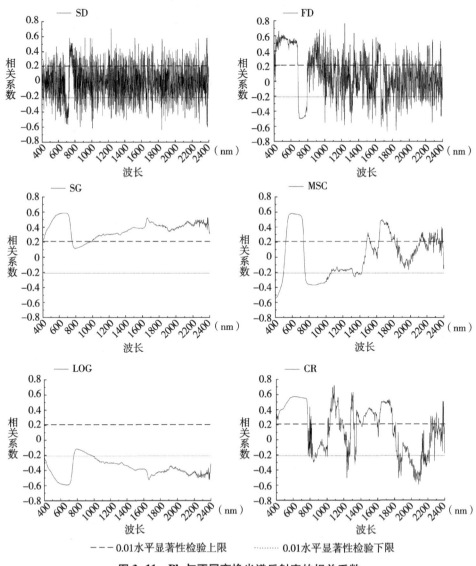

图 3-11 Pb 与不同变换光谱反射率的相关系数

从图 3-11 可以看出，各种光谱变换形式的光谱数据和 Pb 的相关性各不相同。其中，与 SG 平滑后的光谱反射率和倒数对数变换的相关系数曲线相对较为平滑，且两条曲线成对称显示。

与多元散射校正光谱的相关系数在 400nm ~ 1600nm 范围的曲线较平滑，在 1600nm ~ 2400nm 范围开始出现上下频繁波动，与去包络线光谱的相关系数曲线变化趋势相一致。

与一阶微分光谱、二阶微分光谱的相关系数的变化不再呈近似单一变化，而是在正负值之间频繁波动，与一阶微分光谱的相关系数曲线在 400nm ~ 800nm 范围出现一个"波谷"或"波峰"。

与去包络线光谱的相关系数曲线也出现上下频繁波动，尤其是在 800nm ~ 1400nm 和 1600nm ~ 2400nm，在 400nm ~ 800nm 与 SG 平滑光谱相关系数曲线基本一致，在 1600nm ~ 2400nm 与多元散射校正光谱相关系数曲线基本一致。

表 3-11 不同变换光谱反射率与 Pb 相关系数的最值及对应波段

光谱变换	波段数	最大波段（nm）	相关系数
SG	1772	680	0.587
LOG	1773	680	−0.589
MSC	1088	601	0.581
FD	1061	1239	0.766
SD	777	1237	0.706
CR	1330	1085	0.725

从表 3-11 可以看出，Pb 含量与 SG 光谱反射率的显著相关系数和倒数对数变换光谱的显著相关系数的波段数、最大相关波段基本一致。由于相关系数曲线关于 x 轴对称，最大波段相关系数绝对值一致并呈现相反关系。

与 SG 光谱反射率的显著相关波段数相比，Pb 与倒数对数光谱的显著相关波段数基本一致，与多元散射校正、一阶微分、二阶微分、去包络线光谱的显著相关波段数减少，其中二阶微分光谱的显著相关波段数最少。

从最大相关波段的相关系数来看，除多元散射校正光谱外，Pb 与倒数对数光谱、一阶微分光谱、二阶微分光谱、去包络线光谱的最大相关波段的相关系数较 SG 平滑光谱均有所增长，其中与一阶微分的最大相关波段的相关系数最大。

综上所述，光谱反射率经过倒数对数、多元散射校正、一阶微分、二阶微分变换和去包络线变换的光谱可以有效突出土壤隐藏的光谱反射率特征，可以选用通过 $P = 0.01$ 显著性水平的相关波段作为光谱特征波段，用于构建土壤 Pb 的反演模型。

3.3　土壤属性的共用光谱特征波段选取

在新郑市高标准基本农田建设区域土壤属性显著性波段选择的基础上，考虑不同土壤属性光谱反演的需要，结合相关系数曲线的相似性及拐点，采用模糊聚类最大树法，确定新郑市高标准基本农田建设区域土壤属性高光谱综合反演的共用光谱最佳特征波段。

通过对比分析新郑市高标准基本农田的 11 种土壤属性与六种光谱变换的相关系数曲线（见图 3-12），可知同一光谱变换相关系数曲线之间具有相似的拐点，表现出现较好的相似性。

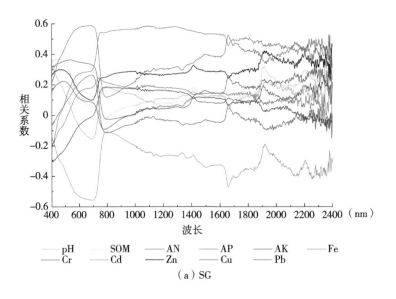

（a）SG

图 3-12　土壤属性的不同变换光谱反射率的相关系数的比较

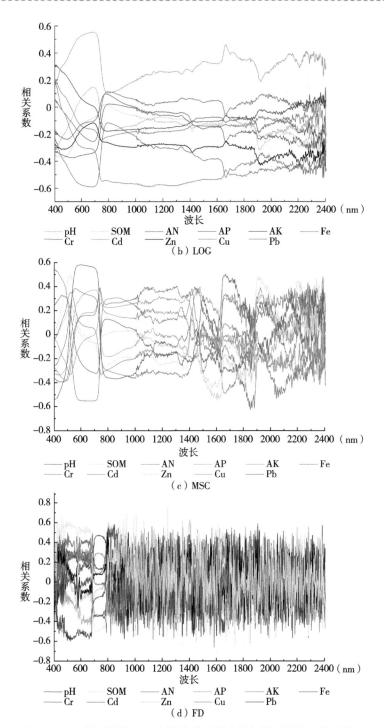

图 3-12 土壤属性的不同变换光谱反射率的相关系数的比较（续）

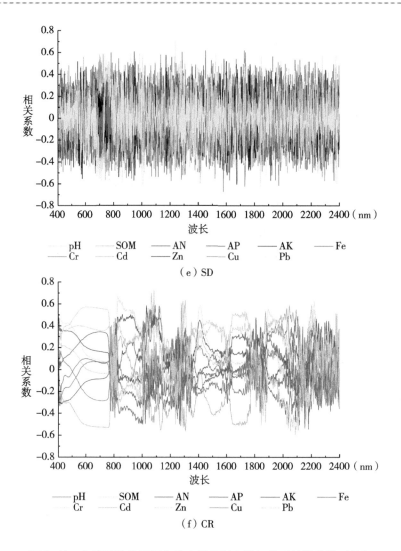

图 3-12 土壤属性的不同变换光谱反射率的相关系数的比较（续）

3.3.1 SG 光谱变换的共用光谱特征波段

利用模糊聚类分析方法，对 11 种土壤属性与 SG 光谱反射率的相关系数曲线进行系统分类，计算 11 个相关系数曲线之间的模糊相似系数，得到 11 阶模糊相似系数矩阵 $R_{SG} = (r_{ij})_{11 \times 11}$。

模糊相似矩阵的行号对应的土壤属性分别为土壤 pH、SOM、AN、AP、AK、

Fe、Cr、Cd、Zn、Cu、Pb。这 11 种土壤属性与 SG 光谱变换的相关系数曲线的模糊相似矩阵为：

$$
R_{SG} = \begin{bmatrix}
1 & 0.52 & 0.19 & 0.84 & 0.21 & 0.17 & 0.24 & 0.79 & 0.72 & 0.45 & 0.68 \\
0.52 & 1 & 0.91 & 0.06 & 0.8 & 0.61 & 0.60 & 0.03 & 0.76 & 0.72 & 0.19 \\
0.19 & 0.91 & 1 & 0.22 & 0.87 & 0.67 & 0.78 & 0.29 & 0.46 & 0.73 & 0.49 \\
0.84 & 0.06 & 0.22 & 1 & 0.23 & 0.09 & 0.60 & 0.93 & 0.31 & 0.23 & 0.88 \\
0.21 & 0.85 & 0.87 & 0.23 & 1 & 0.86 & 0.83 & 0.29 & 0.43 & 0.76 & 0.46 \\
0.17 & 0.61 & 0.67 & 0.09 & 0.86 & 1 & 0.69 & 0.17 & 0.09 & 0.88 & 0.31 \\
0.24 & 0.60 & 0.78 & 0.60 & 0.83 & 0.69 & 1 & 0.71 & 0.11 & 0.51 & 0.85 \\
0.79 & 0.03 & 0.29 & 0.93 & 0.29 & 0.17 & 0.71 & 1 & 0.36 & 0.09 & 0.96 \\
0.72 & 0.76 & 0.46 & 0.31 & 0.43 & 0.09 & 0.11 & 0.36 & 1 & 0.26 & 0.23 \\
0.45 & 0.72 & 0.73 & 0.23 & 0.76 & 0.88 & 0.51 & 0.09 & 0.26 & 1 & 0.08 \\
0.68 & 0.19 & 0.49 & 0.88 & 0.46 & 0.31 & 0.85 & 0.96 & 0.23 & 0.08 & 1
\end{bmatrix}
$$

利用最大树法分类，取 $\lambda = 0.83$，分为 3 类，土壤 pH、AP、Cr、Cd、Pb 为一类，土壤 SOM、AN、AK、Fe、Cu 为一类，Zn 独自为一类，但与 pH 和 SOM 的相似系数为 0.72 和 0.76，具有较大相似性。根据相关系数曲线的相似性和拐点，选定 SG 光谱变换的平均波段 A680（680nm ~ 690nm）、A740（740nm ~ 800nm）、A1689（1659nm ~ 1662nm），并增加波段 686nm、1415nm。同时，根据土壤属性与 SG 光谱的显著波段，选用 11 种土壤属性通过 $P = 0.01$ 显著性水平检验的显著波段，即 452nm ~ 459nm、718nm、719nm。

综合显著波段与相关系数曲线拐点，确定波段 452nm ~ 459nm、718nm、719nm、A680（680nm ~ 690nm）、A740（740nm ~ 800nm）、1415nm、A1689（1659nm ~ 1662nm）作为新郑市高标准基本农田建设区域土壤属性光谱反演的共用光谱最佳特征波段。

3.3.2　LOG 光谱变换的共用光谱特征波段

利用模糊聚类分析方法，对 11 种土壤属性与 LOG 光谱反射率的相关系数曲线进行系统分类，计算 11 个相关系数曲线之间的模糊相似系数，得到 11 阶模糊相似系数矩阵 $R_{LOG} = (r_{ij})_{11 \times 11}$。

模糊相似矩阵的行号对应的土壤属性分别为土壤 pH、SOM、AN、AP、AK、Fe、Cr、Cd、Zn、Cu、Pb。这 11 种土壤属性与 LOG 光谱变换的相关系数曲线的模糊相似矩阵为：

$$
R_{LOG} = \begin{bmatrix}
1 & 0.13 & 0.38 & 0.61 & 0.14 & 0.13 & 0.30 & 0.25 & 0.27 & 0.38 & 0.41 \\
0.13 & 1 & 0.73 & 0.31 & 0.16 & 0.30 & 0.09 & 0.09 & 0.39 & 0.15 & 0.30 \\
0.38 & 0.73 & 1 & 0.55 & 0.12 & 0.18 & 0.14 & 0.34 & 0.07 & 0.0 & 0.42 \\
0.61 & 0.31 & 0.55 & 1 & 0.23 & 0.02 & 0.19 & 0.50 & 0.10 & 0.16 & 0.56 \\
0.14 & 0.16 & 0.12 & 0.23 & 1 & 0.17 & 0.08 & 0.07 & 0.03 & 0.21 & 0.19 \\
0.13 & 0.30 & 0.18 & 0.02 & 0.17 & 1 & 0.14 & 0.08 & 0.51 & 0.49 & 0.40 \\
0.30 & 0.09 & 0.14 & 0.19 & 0.08 & 0.14 & 1 & 0.24 & 0.29 & 0.43 & 0.59 \\
0.25 & 0.09 & 0.34 & 0.50 & 0.07 & 0.08 & 0.24 & 1 & 0.12 & 0.07 & 0.73 \\
0.27 & 0.39 & 0.07 & 0.10 & 0.03 & 0.51 & 0.29 & 0.12 & 1 & 0.33 & 0.2 \\
0.38 & 0.15 & 0.01 & 0.16 & 0.21 & 0.49 & 0.43 & 0.07 & 0.33 & 1 & 0.45 \\
0.41 & 0.30 & 0.42 & 0.56 & 0.19 & 0.40 & 0.59 & 0.73 & 0.20 & 0.45 & 1
\end{bmatrix}
$$

利用最大树法分类，取 $\lambda = 0.55$，分为 5 类，土壤 pH、SOM、AN、AP、Cr、Cd、Pb 为一类，土壤 AK、Fe、Cu、Zn 各独自为一类。根据相关系数曲线的相似性和拐点，选定 LOG 光谱变换的平均波段 A675（675nm ~ 725nm）、A1659（1659nm ~ 1663nm），并增加波段 400nm、744nm、752nm ~ 755nm、778nm、1655nm、2204nm。同时，根据土壤属性与 LOG 光谱的显著波段，选用 11 种土壤属性通过 $P = 0.01$ 显著性水平检验的显著波段，即 431nm ~ 464nm、607nm ~ 718nm、732nm ~ 734nm、2361nm、2370nm、2400nm。

综合显著波段与相关系数曲线拐点，确定波段 400nm、431nm ~ 464nm、A675（675nm ~ 725nm）、607nm ~ 718nm、732nm ~ 734nm、744nm、752nm ~ 755nm、778nm、1655nm、A1659（1659nm ~ 1663nm）、2204nm、2361nm、2370nm、2400nm 作为新郑市高标准基本农田建设区域土壤属性光谱反演的共用光谱最佳特征波段。

3.3.3 MSC 光谱变换的共用光谱特征波段

利用模糊聚类分析方法，对 11 种土壤属性与 MSC 光谱反射率的相关系数曲线进行系统分类，计算 11 个相关系数曲线之间的模糊相似系数，得到 11 阶模糊相似系数矩阵 $R_{MSC} = (r_{ij})_{11\times11}$。

模糊相似矩阵的行号对应的土壤属性分别为土壤 pH、SOM、AN、AP、AK、

Fe、Cr、Cd、Zn、Cu、Pb。这 11 种土壤属性与 MSC 光谱变换的相关系数曲线的模糊相似矩阵为:

$$R_{MSC} = \begin{bmatrix} 1 & 0.40 & 0.10 & 0.88 & 0.01 & 0.04 & 0.27 & 0.71 & 0.82 & 0.44 & 0.56 \\ 0.40 & 1 & 0.93 & 0.03 & 0.82 & 0.67 & 0.71 & 0.21 & 0.56 & 0.91 & 0.41 \\ 0.10 & 0.93 & 1 & 0.28 & 0.81 & 0.64 & 0.83 & 0.51 & 0.37 & 0.79 & 0.41 \\ 0.88 & 0.03 & 0.28 & 1 & 0.46 & 0.49 & 0.64 & 0.84 & 0.71 & 0.02 & 0.74 \\ 0.01 & 0.82 & 0.81 & 0.46 & 1 & 0.95 & 0.88 & 0.46 & 0.04 & 0.86 & 0.55 \\ 0.04 & 0.67 & 0.64 & 0.49 & 0.95 & 1 & 0.78 & 0.38 & 0.14 & 0.82 & 0.42 \\ 0.27 & 0.71 & 0.83 & 0.64 & 0.88 & 0.78 & 1 & 0.77 & 0.05 & 0.64 & 0.86 \\ 0.71 & 0.21 & 0.51 & 0.84 & 0.46 & 0.38 & 0.77 & 1 & 0.40 & 0.12 & 0.96 \\ 0.82 & 0.56 & 0.37 & 0.71 & 0.04 & 0.14 & 0.05 & 0.40 & 1 & 0.40 & 0.20 \\ 0.44 & 0.91 & 0.79 & 0.02 & 0.86 & 0.82 & 0.64 & 0.12 & 0.40 & 1 & 0.26 \\ 0.56 & 0.41 & 0.41 & 0.74 & 0.55 & 0.42 & 0.86 & 0.96 & 0.20 & 0.26 & 1 \end{bmatrix}$$

利用最大树法分类,取 $\lambda = 0.84$,分为 2 类,土壤 pH、SOM、AN、AP、AK、Fe、Cr、Cd、Cu、Pb 为一类,Zn 独自为一类,但与 pH 的相似系数为 0.82,具有较大相似性。根据相关系数曲线的相似性和拐点,选定 MSC 光谱变换的平均波段 A450(450nm～460nm)、A515(515nm～525nm)、A720(720nm～730nm)、738nm、A740(740nm～750nm)及波段 497nm、559nm、738nm、770nm、1498nm、1499nm、1652nm、1653nm、2150nm、2154nm,并增加波段 1415nm。同时,根据土壤属性与 MSC 光谱的显著波段,选用 11 种土壤属性通过 $P = 0.01$ 显著性水平检验的显著波段,即 487nm～497nm、502nm、503nm、736nm、760nm～766nm、1956nm、1966nm、2297nm～2299nm、2309nm、2324nm。

综合显著波段与相关系数曲线拐点,确定波段 A450(450nm～460nm)、487nm～497nm、502nm、503nm、A515(515nm～525nm)、559nm、A720(720nm～730nm)、736nm、738nm、A740(740nm～750nm)、760nm～766nm、770nm、1498nm、1499nm、1652nm、1653nm、1956nm、1966nm、2150nm、2154nm、2297nm～2299nm、2309nm、2324nm 作为新郑市高标准基本农田建设区域土壤属性光谱反演的共用光谱最佳特征波段。

3.3.4　FD 光谱变换的共用光谱特征波段

利用模糊聚类分析方法,对 11 种土壤属性与 FD 光谱反射率的相关系数曲线进行系统分类，计算 11 个相关系数曲线之间的模糊相似系数，得到 11 阶模糊相似系数矩阵 $R_{FD} = (r_{ij})_{11 \times 11}$。

模糊相似矩阵的行号对应的土壤属性分别为土壤 pH、SOM、AN、AP、AK、Fe、Cr、Cd、Zn、Cu、Pb。这 11 种土壤属性与 FD 光谱变换的相关系数曲线的模糊相似矩阵为：

$$R_{FD} = \begin{bmatrix}
1 & 0.08 & 0.36 & 0.74 & 0.11 & 0.23 & 0.47 & 0.56 & 0.27 & 0.36 & 0.63 \\
0.08 & 1 & 0.84 & 0.23 & 0.35 & 0.08 & 0.11 & 0.02 & 0.48 & 0.30 & 0.17 \\
0.36 & 0.84 & 1 & 0.52 & 0.11 & 0.05 & 0.23 & 0.26 & 0.25 & 0.19 & 0.38 \\
0.74 & 0.23 & 0.52 & 1 & 0.17 & 0.14 & 0.44 & 0.72 & 0.03 & 0.26 & 0.74 \\
0.11 & 0.35 & 0.11 & 0.17 & 1 & 0.02 & 0.14 & 0.02 & 0.02 & 0.03 & 0.11 \\
0.23 & 0.08 & 0.05 & 0.14 & 0.02 & 1 & 0.20 & 0.27 & 0.01 & 0.61 & 0.45 \\
0.47 & 0.11 & 0.23 & 0.44 & 0.14 & 0.20 & 1 & 0.55 & 0.24 & 0.40 & 0.74 \\
0.56 & 0.02 & 0.26 & 0.72 & 0.02 & 0.27 & 0.55 & 1 & 0.13 & 0.25 & 0.88 \\
0.27 & 0.48 & 0.25 & 0.03 & 0.02 & 0.01 & 0.24 & 0.13 & 1 & 0.34 & 0.21 \\
0.36 & 0.30 & 0.19 & 0.26 & 0.03 & 0.61 & 0.40 & 0.25 & 0.34 & 1 & 0.45 \\
0.63 & 0.17 & 0.38 & 0.74 & 0.11 & 0.45 & 0.74 & 0.88 & 0.21 & 0.45 & 1
\end{bmatrix}$$

利用最大树法分类，取 λ = 0.74，分为 3 类，土壤 SOM、AN 为一类，土壤 pH、AP、Cd、Pb 为一类，土壤 Ak、Fe、Cr、Cu、Zn 独自为一类，其中，Cr 与 Pb 的相似系数为 0.74，具有较大相似性。根据相关系数曲线的相似性和拐点，选定 FD 光谱变换的波段 579nm、825nm、826nm、1001nm、1005nm、1153nm、1353nm、1453nm、1455nm、1483nm、1502nm、1562nm ~ 1564nm、1585nm、1598nm、1599nm、1735nm、1755nm、1977nm、1978nm、2110nm、2111nm、2219nm ~ 2221nm、2227nm、2230nm、2249nm、2250nm、2269nm、2298nm，并增加波段 1237nm。同时，根据土壤属性与 FD 光谱的显著波段，选用 11 种土壤属性通过 P = 0.01 显著性水平检验的显著波段，即 441nm、466nm、467nm、789nm、817nm、1012nm、1235nm、1296nm、1299nm、1303nm、1383nm、1605nm。

综合显著波段与相关系数曲线拐点，确定波段 441nm、466nm、467nm、579nm、789nm、817nm、825nm、826nm、1001nm、1005nm、1012nm、1153nm、1235nm、1237nm、1296nm、1299nm、1303nm、1353nm、1383nm、1453nm、1455nm、1483nm、1502nm、1562nm ~ 1564nm、1585nm、1598nm、1599nm、1605nm、1735nm、1755nm、1977nm、1978nm、2110nm、2111nm、2219nm ~ 2221nm、2227nm、2230nm、2249nm、

2250nm、2269nm、2298nm 作为新郑市高标准基本农田建设区域土壤属性光谱反演的共用光谱最佳特征波段。

3.3.5　SD 光谱变换的共用光谱特征波段

利用模糊聚类分析方法，对 11 种土壤属性与 SD 光谱反射率的相关系数曲线进行系统分类，计算 11 个相关系数曲线之间的模糊相似系数，得到 11 阶模糊相似系数矩阵 $R_{SD} = (r_{ij})_{11 \times 11}$。

模糊相似矩阵的行号对应的土壤属性分别为土壤 pH、SOM、AN、AP、AK、Fe、Cr、Cd、Zn、Cu、Pb。这 11 种土壤属性与 SD 光谱变换的相关系数曲线的模糊相似矩阵为：

$$R_{SD} = \begin{bmatrix}
1 & 0.13 & 0.38 & 0.61 & 0.14 & 0.13 & 0.30 & 0.25 & 0.27 & 0.38 & 0.41 \\
0.13 & 1 & 0.73 & 0.31 & 0.16 & 0.30 & 0.09 & 0.09 & 0.39 & 0.15 & 0.30 \\
0.38 & 0.73 & 1 & 0.55 & 0.12 & 0.18 & 0.14 & 0.34 & 0.07 & 0.01 & 0.42 \\
0.61 & 0.31 & 0.55 & 1 & 0.23 & 0.02 & 0.19 & 0.50 & 0.10 & 0.26 & 0.56 \\
0.14 & 0.16 & 0.12 & 0.23 & 1 & 0.17 & 0.08 & 0.07 & 0.03 & 0.21 & 0.19 \\
0.13 & 0.30 & 0.18 & 0.02 & 0.17 & 1 & 0.14 & 0.01 & 0.05 & 0.49 & 0.40 \\
0.30 & 0.09 & 0.14 & 0.19 & 0.08 & 0.14 & 1 & 0.24 & 0.29 & 0.43 & 0.59 \\
0.25 & 0.09 & 0.34 & 0.50 & 0.07 & 0.01 & 0.24 & 1 & 0.12 & 0.07 & 0.73 \\
0.27 & 0.39 & 0.07 & 0.10 & 0.03 & 0.05 & 0.29 & 0.12 & 1 & 0.33 & 0.28 \\
0.38 & 0.15 & 0.01 & 0.26 & 0.21 & 0.49 & 0.43 & 0.07 & 0.33 & 1 & 0.45 \\
0.41 & 0.30 & 0.42 & 0.56 & 0.19 & 0.40 & 0.59 & 0.73 & 0.28 & 0.45 & 1
\end{bmatrix}$$

利用最大树法分类，取 $\lambda = 0.55$，分为 3 类，土壤 pH、SOM、AN、AP 为一类，Cr、Cd、Pb 为一类，土壤 AK、Fe、Cu、Zn 为一类。根据相关系数曲线的相似性和拐点，选定 SD 光谱变换的平均波段 A1237（1237nm~1238nm）和波段 451nm、453nm、697nm、698nm、852nm、853nm、904nm、952nm ~ 955nm、1005nm、1082nm、1135nm、1137nm、1156nm、1222nm、1224nm、1226nm、1239nm、1312nm、1419nm、1421nm、1475nm、1546nm、1550nm、1551nm、1634nm、1920nm、2040nm、2055nm、2081nm、2084nm、2181nm、2260nm、2266nm、2305nm、2387nm。同时，根据土壤属性与 SD 光谱的显著波段，选用 11 种土壤属性通过 $P = 0.01$ 显著性水平检验的显著波段，即 480nm、553nm、591nm、837nm、862nm、1071nm、1233nm、1503nm、1506nm、1739nm。

综合显著波段与相关系数曲线拐点，确定波段 451nm、453nm、480nm、553nm、591nm、697nm、698nm、837nm、852nm、853nm、862nm、904nm、952nm～955nm、1005nm、1071nm、1082nm、1135nm、1137nm、1156nm、1222nm、1224nm、1226nm、1233nm、A1237（1237nm～1238nm）1239nm、1312nm、1419nm、1421nm、1475nm、1503nm、1506nm、1546nm、1550nm、1551nm、1634nm、1739nm、1920nm、2040nm、2055nm、2081nm、2084nm、2181nm、2260nm、2266nm、2305nm、2387nm 作为新郑市高标准基本农田建设区域土壤属性光谱反演的共用光谱最佳特征波段。

3.3.6 CR 光谱变换的共用光谱特征波段

利用模糊聚类分析方法，对 11 种土壤属性与 CR 光谱反射率的相关系数曲线进行系统分类，计算 11 个相关系数曲线之间的模糊相似系数，得到 11 阶模糊相似系数矩阵 $R_{CR} = (r_{ij})_{11 \times 11}$。

模糊相似矩阵的行号对应的土壤属性分别为 pH、SOM、AN、AP、AK、Fe、Cr、Cd、Zn、Cu、Pb。这 11 种土壤属性与 CR 光谱变换的相关系数曲线的模糊相似矩阵为：

$$R_{CR} = \begin{bmatrix} 1 & 0.03 & 0.29 & 0.87 & 0.28 & 0.12 & 0.39 & 0.39 & 0.46 & 0.42 & 0.69 \\ 0.03 & 1 & 0.87 & 0.16 & 0.58 & 0.02 & 0.06 & 0.18 & 0.72 & 0.25 & 0.01 \\ 0.29 & 0.87 & 1 & 0.51 & 0.56 & 0.10 & 0.10 & 0.19 & 0.39 & 0.27 & 0.31 \\ 0.87 & 0.16 & 0.51 & 1 & 0.38 & 0.03 & 0.38 & 0.76 & 0.29 & 0.25 & 0.76 \\ 0.28 & 0.58 & 0.56 & 0.38 & 1 & 0.08 & 0.44 & 0.38 & 0.25 & 0.07 & 0.51 \\ 0.12 & 0.02 & 0.10 & 0.03 & 0.08 & 1 & 0.25 & 0.02 & 0.07 & 0.67 & 0.21 \\ 0.39 & 0.06 & 0.10 & 0.38 & 0.44 & 0.25 & 1 & 0.71 & 0.29 & 0.49 & 0.84 \\ 0.69 & 0.18 & 0.19 & 0.76 & 0.38 & 0.02 & 0.71 & 1 & 0.55 & 0.32 & 0.93 \\ 0.46 & 0.72 & 0.39 & 0.29 & 0.25 & 0.07 & 0.29 & 0.55 & 1 & 0.43 & 0.43 \\ 0.42 & 0.25 & 0.27 & 0.25 & 0.07 & 0.67 & 0.49 & 0.32 & 0.43 & 1 & 0.48 \\ 0.69 & 0.01 & 0.31 & 0.76 & 0.51 & 0.21 & 0.84 & 0.93 & 0.43 & 0.48 & 1 \end{bmatrix}$$

利用最大树法分类，取 $\lambda = 0.76$，分为 3 类，土壤 pH、AP、Cr、Cd、Pb 为一类，土壤 SOM、AN 为一类，土壤 AK、Fe、Cu、Zn 为一类。根据相关系数曲线的相似性和拐点，选定 CR 光谱变换的波段 405nm、418nm、781nm、784nm、794nm、805nm、807nm、830nm、831nm、1079nm、1085nm、1251nm、1267nm、

1308nm、1309nm、1410nm、1836nm、1860nm、1897nm、1898nm、2080nm、2137nm、2149nm、2156nm、2184nm、2382nm、2395nm。同时，根据土壤属性与CR光谱的显著波段，选用11种土壤属性通过$P = 0.01$显著性水平检验的显著波段，即406nm～419nm、421nm～423nm、427nm～431nm、1044nm、1062nm、1087nm、1887nm～1890nm、2118nm、2119nm、2185nm～2187nm、2198nm～2201nm、2324nm、2325nm。

综合显著波段与相关系数曲线拐点，确定波段405nm～419nm、421nm～423nm、427nm～431nm、781nm、784nm、794nm、805nm、807nm、830nm、831nm、1044nm、1062nm、1079nm、1085nm、1087nm、1251nm、1267nm、1308nm、1309nm、1410nm、1836nm、1860nm、1887nm～1890nm、1897nm、1898nm、2080nm、2118nm、2119nm、2137nm、2149nm、2156nm、2184nm～2187nm、2198nm～2201nm、2324nm、2325nm、2382nm、2395nm作为新郑市高标准基本农田建设区域土壤属性光谱反演的共用光谱最佳特征波段。

综上所述，通过综合显著波段及相关系数曲线拐点，确定了SG、LOG、MSC、FD、SD、CR共六种光谱变换的土壤属性的共用光谱最佳特征波段的选取（见表3-12）。

表3-12　土壤属性的共用光谱特征波段

光谱变换	波段数	共用光谱特征波段
SG	14	452nm～459nm、718nm、719nm、A680（680nm～690nm）、A740（740nm～800nm）、1415nm、A1689（1659nm～1662nm）
LOG	33	A431（431nm～440nm）、A441（441nm～450nm）、A451（451nm～460nm）、461nm～464nm、607～610nm、A611（611nm～620nm）、A621（621nm～630nm）、A631（631nm～640nm）、A641（641nm～650nm）、A651（651nm～660nm）、A661（661nm～670nm）、671nm～675nm、732nm～734nm、744nm、A752（752nm～755nm）、1655nm、A1659（1659nm～1663nm）、2204nm、2361nm、2370nm、2400nm
MSC	44	A450（450nm～460nm）、487nm～497nm、502nm、503nm、A515（515nm～525nm）、559nm、A720（720nm～730nm）、736nm、738nm、A740（740nm～750nm）、760nm～766nm、770nm、1498nm、1499nm、1652nm、1653nm、1956nm、1966nm、2150nm、2154nm、2297nm～2299nm、2309nm、2324nm
FD	38	441nm、466nm、467nm、579nm、789nm、817nm、825nm、826nm、1001nm、1005nm、1012nm、1153nm、1235nm、1237nm、1296nm、1299nm、1303nm、1353nm、1383nm、1453nm、1455nm、1483nm、1502nm、1562nm～1564nm、1585nm、1598nm、1599nm、1605nm、1735nm、1755nm、1977nm、1978nm、2110nm、2111nm、2219nm、2220nm

光谱变换	波段数	共用光谱特征波段
SD	49	451nm、453nm、480nm、553nm、591nm、697nm、698nm、837nm、852nm、853nm、862nm、904nm、952nm~955nm、1005nm、1071nm、1082nm、1135nm、1137nm、1156nm、1222nm、1224nm、1226nm、1233nm、A1237（1237nm~1238nm）1239nm、1312nm、1419nm、1421nm、1475nm、1503nm、1506nm、1546nm、1550nm、1551nm、1634nm、1739nm、1920nm、2040nm、2055nm、2081nm、2084nm、2181nm、2260nm、2266nm、2305nm、2387nm
CR	60	405nm~419nm、421nm~423nm、427nm~431nm、830nm、831nm、1044nm、1062nm、1079nm、1085nm、1087nm、1251nm、1267nm、1308nm、1309nm、1410nm、1836nm、1860nm、1887nm~1890nm、1897nm、1898nm、2080nm、2118nm、2119nm、2137nm、2149nm、2156nm、2184nm~2187nm、2198nm~2201nm、2324nm、2325nm、2382nm

注：A680（680nm~690nm）表示 680nm~690nm 的波段反射率的均值，以此类推。

3.4 本章小结

光谱特征波段的选取是反演模型的构建前提，是模型构建的关键环节。本章主要介绍光谱特征波段的选取，通过相关分析选取土壤属性与光谱反射率的显著相关波段，作为土壤属性光谱反演的最佳特征波段，并通过模糊聚类最大树法选取土壤属性的共用光谱特征波段，为后续建模所用。

4 新郑市高标准建设区域土壤属性反演模型的构建

通过选取 SG、LOG、MSC、FD、SD、CR 光谱变换的最佳特征波段分别作为自变量，土壤属性含量实测值作为因变量，建立新郑市高标准基本农田建设区域土壤属性的偏最小二乘回归模型；并以 SG、LOG、MSC、FD、SD、CR 光谱变换的共用最佳光谱特征波段作为自变量，尝试采用面板数据模型，构建新郑市高标准基本农田建设区域土壤属性综合反演模型；并对比分析两种模型的建模精度及检验精度，验证面板数据模型综合反演土壤属性的可行性，实现土壤属性含量的快速、精准监测。

4.1 高光谱反演模型及检验方法

4.1.1 样本集划分方法

在考虑土壤类型的基础上，采用 Rank-KS（含量梯度法-Kennard-Stone）法将样本集划分为校正集和验证集。"Rank"即首先借助浓度梯度法的思想，将含量值按大小进行排序，并等分 m 份，确定需要选出的校正集样本数；在等分的每个区间内利用 KS 方法（Volkan et al.，2010），选出光谱空间具有代表性的样本作为校正集，d_x 为欧氏距离。验证集挑选时，先将含量值排序，等分为 n 个小区间，在每个区间随机取出一个样本加入验证集，即得到由 i 个样本组成的验证集。m 一般取 4 或 5；n 一般取 9 或者 10（刘伟等，2014）。将研究区的 154 个样本分成校正集和验证集两组，校正集样本数 116 个，用于土壤属性反演模型的构建，验证集样本数 38 个，用于检验模型的预测精度。

4.1.2　高光谱反演建模方法

4.1.2.1　偏最小二乘法

由于光谱数据信息量大、冗杂噪声严重，因此采用被广泛运用的偏最小二乘法（Partial Least Square Regress，PLSR）进行光谱反演，该方法是多元线性回归、典型相关分析和主成分分析的完美结合，能够在自变量存在多重相关性及样本点个数少于变量个数的条件下进行回归建模，有效提取若干对系统能力最强的综合变量，排除无解释作用的噪声，使之对因变量有最佳的解释能力。偏最小二乘回归建模首先从自变量中提取相互独立的成分，提取的主成分 u_j 尽可能多地携带原自变量的变异信息，从因变量中提取相互独立的成分 v_j，要求 u_j 和 v_j 之间的相关程度达到最大，然后利用多元回归方法建立提取的成分与因变量之间的回归方程（张利，2010）。相对于主成分回归，偏最小二乘回归可以利用因变量的变异信息提取自变量中的有用信息，即潜变量，从而提高模型的建模精度和预测能力。潜变量与主成分相似，不同之处在于主成分仅是针对自变量提取的，而潜变量是利用因变量的变异信息提取自变量中与因变量相关的主成分；与人工神经网络相比，偏最小二乘回归的因子负荷可以形象地揭示自变量与因变量之间的关系，从而有助于理解光谱预测无光谱特征重金属的机理（吴的昭，2005）。

在偏最小二乘回归模型构建的过程中，确定模型最佳主成分的数量直接影响模型的估算质量，选择的主因子个数太少会造成模型拟合不足，降低模型的估算精度；选择的主因子个数太多，会导致过拟合，降低模型的运算效率和使用范围。建模过程采用交叉验证法（Cross Validation），用以确定最佳主成分个数（王慧文，1999），选择最优的拟合结果。本书在交叉验证均方根误差尽量小的情况下，使用尽量少的主成分进行建模，最终确定主成分个数的原则是每增加一个主成分，交叉验证均方根误差至少减少 2%（袁中强等，2016）。

4.1.2.2　面板数据模型

面板数据（Panel Date）也称为平行数据、时间序列界面数据（Time Series and Cross Section Date）或混合数据（Pool Date），是指在时间序列上取多个横截面，在这些横截面上同时选取样本观测值所构成的样本数据（孙敬水，2010）。从横截面上看，是若干个个体在某一时刻构成的横截面观测值；从纵剖面上看，是一个时间序列。根据面板数据的特点，多个样本的土壤属性的高光谱特征波段值可以看作在横截面上土壤属性在某一个样本点的高光谱特征波段值，纵剖面上是一个样本点序列。通过构建面板数据模型，可以同时建立土壤属性的综合反演模型，不需对每个指标进行单独反演，减少了对多指标反演的烦琐过程（张秋霞等，2017）。

由于样本点 T 数目较大而横截面 N 数量较小，故确定为固定影响模型，选择普通最小二乘估计法（OLS）构建面板数据模型。然后通过协方差分析检验（Analysis of Covariance）确定面板数据模型类型：不变系数模型、变截距模型、变系数模型，其中面板模型为：

$$y_{it} = a_i + b_{1i}x_{1it} + b_{2i}x_{2it} + \cdots + b_{ji}x_{jit} + \mu_{it} \quad (i=1, 2, \cdots, N; \ t=1, 2, \cdots, T)$$

$$(4-1)$$

其中，y_{it} 为被解释变量在横截面 i 和样本 t 上的值，即土壤属性含量值；a_i 为常数项或截距项，代表第 i 个横截面（第 i 个体的影响）；b_{ji} 为第 i 个横截面上的第 j 个解释变量的模型参数；x_{jit} 为第 j 个解释变量在横截面 i 和样本 t 上的值，即土壤属性高光谱特征波段值；μ_{it} 为横截面 i 和样本 t 上的随机误差项；横截面数为 $i=1, 2, \cdots, N$；样本数为 $t=1, 2, \cdots, T$。N 表示个体横截面成员的个数，T 表示每个横截面成员的观测样本数，k 表示解释变量的个数。

4.1.3 反演模型精度检验方法

建模精度的检验利用得到的校正集决定系数 $\overline{R}^2$、均方根误差（Root Mean Square Error of Calibration，RMSEC），交叉验证决定系数 $\overline{R}^2$、均方根误差（Root mean Square Error of Cross Validation，RMSECV）；验证集检验根据验证集决定系数 $\overline{R}_v^2$、均方根误差（Root Mean Square Error of Prediction，RMSEP）、相对分析误差（Relative Percent Deviation，RPD），其中相对分析误差是验证集标准差与验证集均方根误差 RMSEP 的比值，当 RPD>2.5 时，表明模型具有极好的预测能力；当 2.0<RPD≤2.5 时，表明模型具有很好的定量预测能力；当 1.8<RPD≤2.0 时，表明模型具有定量预测能力；当 1.40<RPD≤1.80 时，表明模型具有一般的定量预测能力；当 1.00<RPD≤1.40 时，表明模型具有区别高值和低值的能力；当 RPD≤1.00 时，表明模型不具备预测能力（Rossel et al.，2007）。对于建模集来说，$\overline{R}^2$ 越大，RMSEC 越小，建模精度越高，模型越稳定；对于验证集来说，$\overline{R}_v^2$、RPD 越大，RMSEP 越小，预测精度越高。

4.2 基于偏最小二乘法的土壤属性定量反演

通过选取 SG 光谱变换、LOG 光谱变换、MSC 光谱变换、FD 光谱变换、SD 光谱变换、CR 光谱变换的最佳光谱特征波段作为自变量，土壤 pH、SOM、AN、AP、AK、Fe、Cr、Cd、Zn、Cu、Pb 的含量为因变量，构建基于偏最小二乘法的土壤属性反演模型。采用交叉验证法来确定反演模型中最佳主成分数，利用校正集的 116 个土壤样本建立反演模型并进行交叉验证，然后根据验证集的 38 个土壤样本来评判模型预测精度。检验精度采用校正集决定系数 $\overline{R}^2$、均方根误差 RMSEC；验证集决定系数 $\overline{R}_v^2$，均方根误差 RMSEP 和相对分析误差。

4.2.1 土壤 pH 值的偏最小二乘法定量反演模型

分别以 SG 光谱变换、LOG 光谱变换、MSC 光谱变换、FD 光谱变换、SD 光谱变换、CR 光谱变换的光谱特征波段为自变量，构建基于偏最小二乘法的土壤 pH 值反演模型，采用交叉验证法来确定反演模型中最佳主成分数，利用校正集的 116 个土壤样本建立反演模型并进行交叉验证，然后根据验证集的 38 个土壤样本来评判模型预测精度，建模结果和建模精度如表 4-1 所示。

表 4-1 土壤 pH 值的偏最小二乘法模型的建模与验证

光谱变换	主成分数	校正集 (n=116)		交叉验证 (n=116)		验证集 (n=38)		
		$\overline{R}^2$	RMSEC	$\overline{R}^2$	RMSECV	$\overline{R}_v^2$	RMSEP	RPD
SG	20	0.84	0.09	0.55	0.16	0.75	0.12	1.92
LOG	12	0.78	0.11	0.48	0.17	0.68	0.11	1.81
MSC	7	0.59	0.15	0.43	0.17	0.68	0.10	1.73
FD	10	0.91	0.07	0.71	0.12	0.82	0.09	2.35
SD	10	0.91	0.07	0.73	0.12	0.81	0.09	2.28
CR	8	0.84	0.09	0.67	0.13	0.84	0.09	2.48

由表 4-1 的校正集结果可知，土壤 pH 值分别以 SG 光谱变换、LOG 光谱变换、MSC 光谱变换、FD 光谱变换、SD 光谱变换和 CR 光谱变换为自变量的模型

具有较高的决定系数 $\overline{R}^2$。除了以 MSC 光谱变换为自变量的模型决定系数 $\overline{R}^2$ 为 0.59，其余决定系数 $\overline{R}^2$ 值均不小于 0.78。交叉验证结果显示：pH 值以 FD、SD 和 CR 光谱变换为自变量的模型交叉验证系数 $\overline{R}^2$ 均大于 0.6，均方根误差 RMSECV 为 0.12 和 0.13。

对比校正集结果和交叉验证结果并结合最佳主成分数，土壤 pH 值以 SD 光谱变换为自变量的模型的建模效果较好。

由验证集检验的结果显示，与校正集相比，虽然检验的决定系数 $\overline{R}_v^2$ 有所降低，均方根误差 RMSEP 有所提高，但建模效果较好的模型仍具有较好的精度。从相对分析误差 RPD 来看，土壤 pH 值的六种光谱变换模型中除 SG、LOG 和 MSC 光谱变换模型外，其余模型的相对分析误差 RPD 均大于 2.0，表明 FD 光谱变换、SD 光谱变换和 CR 光谱变换构建的 PLSR 模型具备很好的定量预测土壤 pH 值的能力，其中 CR 光谱变换模型的相对分析误差 RPD 最大，为 2.48，验证系数 $\overline{R}_v^2$ 最大，均方根误差 RMSEP 最小。

根据对校正集和验证集检验结果的分析，绘制预测值和实测值之间的 1∶1 散点图（见图 4-1）。由图 4-1 可知，验证集样本的实测值与预测值之间的相关系数 r 均通过了 $P=0.01$ 水平上的显著性检验，多数样本实测值与预测值集中在 1∶1 线附近，通过对比分析，土壤 pH 值以 CR 光谱变换为自变量的 PLSR 模型为最佳模型。

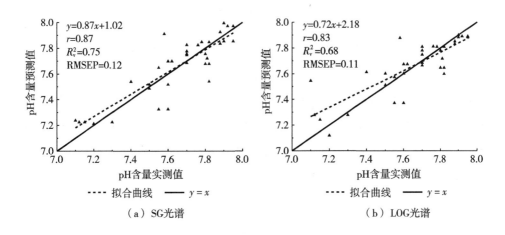

图 4-1 实测值与预测值拟合散点

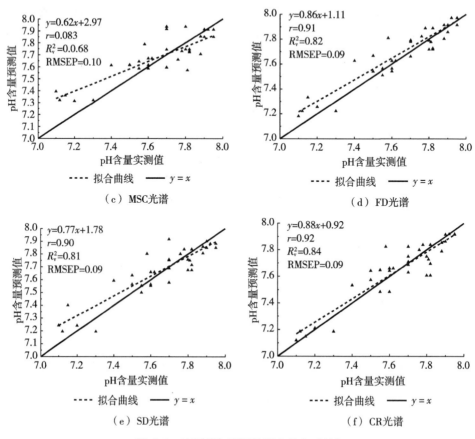

（c）MSC光谱　　　　　　　　　　（d）FD光谱

（e）SD光谱　　　　　　　　　　（f）CR光谱

图4-1　实测值与预测值拟合散点（续）

4.2.2　土壤有机质的偏最小二乘法定量反演模型

分别以 SG 光谱变换、LOG 光谱变换、MSC 光谱变换、FD 光谱变换、SD 光谱变换、CR 光谱变换的光谱特征波段为自变量，构建基于偏最小二乘法的土壤有机质反演模型，采用交叉验证法来确定反演模型中最佳主成分数，利用校正集的 116 个土壤样本建立反演模型并进行交叉验证，然后根据验证集的 38 个土壤样本来评判模型预测精度，建模结果和建模精度如表 4-2 所示。

表 4-2　土壤有机质的偏最小二乘法模型的建模与验证

光谱变换	主成分数	校正集（n=116）		交叉验证（n=116）		验证集（n=38）		
		$\overline{R}^2$	RMSEC	$\overline{R}^2$	RMSECV	$\overline{R}_v^2$	RMSEP	RPD
SG	20	0.97	0.41	0.86	0.94	0.84	1.08	2.44

光谱变换	主成分数	校正集（n=116）		交叉验证（n=116）		验证集（n=38）		
		$\overline{R}^2$	RMSEC	$\overline{R}^2$	RMSECV	$\overline{R}_v^2$	RMSEP	RPD
LOG	12	0.96	0.52	0.86	0.94	0.86	1.01	2.61
MSC	12	0.94	0.59	0.85	0.97	0.79	1.18	2.17
FD	9	0.93	0.68	0.80	1.12	0.89	0.83	2.95
SD	9	0.92	0.72	0.77	1.20	0.87	0.92	2.70
CR	15	0.97	0.40	0.90	0.78	0.89	0.89	2.92

由表4-2的校正集结果可知，土壤有机质分别以SG光谱变换、LOG光谱变换、MSC光谱变换、FD光谱变换、SD光谱变换和CR光谱变换为自变量的模型具有较高的决定系数 $\overline{R}^2$，值均大于0.9；土壤有机质的六种变换模型交叉验证系数 $\overline{R}^2$ 均大于0.7。

对比校正集结果和交叉验证结果并结合最佳主成分数，土壤有机质以CR光谱变换为自变量的模型的建模效果较好。

由验证集检验的结果显示，与校正集相比虽然检验的决定系数 $\overline{R}_v^2$ 有所降低，均方根误差RMSEP有所提高，但建模效果较好的模型仍具有较好的精度。从相对分析误差RPD来看，土壤有机质的六种光谱模型的相对分析误差RPD均大于2.0，表明以SG光谱变换、LOG光谱变换、MSC光谱变换、FD光谱变换、SD光谱变换和CR光谱变换构建的PLSR模型具备很好的预测土壤有机质的能力，其中FD光谱变换模型的相对分析误差RPD最大，为2.95，验证系数 $\overline{R}_v^2$ 最大，均方根误差RMSEP最小，具备极好的预测土壤有机质的能力。

根据对校正集和验证集检验结果的分析，绘制预测值和实测值之间的1∶1散点图（见图4-2）。由图4-2可知，验证集样本的实测值与预测值之间的相关系数r均通过了P=0.01水平上的显著性检验，多数样本实测值与预测值集中在1∶1线附近，通过对比分析，土壤有机质以FD光谱变换为自变量的PLSR模型为最佳模型。

4.2.3　土壤碱解氮的偏最小二乘法定量反演模型

分别以SG光谱变换、LOG光谱变换、MSC光谱变换、FD光谱变换、SD光谱变换、CR光谱变换的光谱特征波段为自变量，构建基于偏最小二乘法的土壤

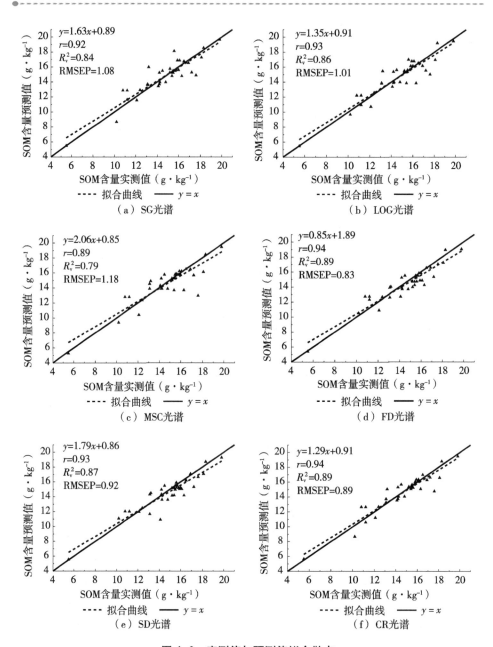

图 4-2 实测值与预测值拟合散点

碱解氮反演模型，采用交叉验证法来确定反演模型中最佳主成分数，利用校正集的 116 个土壤样本建立反演模型并进行交叉验证，然后根据验证集的 38 个土壤样本来评判模型预测精度，建模结果和建模精度如表 4-3 所示。

表4-3　土壤碱解氮的偏最小二乘法模型的建模与验证

光谱变换	主成分数	校正集（n=116）		交叉验证（n=116）		验证集（n=38）		
		$\overline{R}^2$	RMSEC	$\overline{R}^2$	RMSECV	$\overline{R}_v^2$	RMSEP	RPD
SG	21	0.85	5.99	0.60	9.85	0.69	8.40	1.77
LOG	23	0.96	2.98	0.73	8.18	0.86	7.01	2.65
MSC	19	0.92	4.28	0.57	10.23	0.72	8.60	1.86
FD	16	0.95	3.35	0.72	8.23	0.76	8.24	1.99
SD	9	0.89	5.26	0.67	8.93	0.77	7.32	2.06
CR	11	0.91	4.68	0.67	8.95	0.75	7.55	1.96

由表4-3的校正集结果可知，土壤碱解氮分别以 SG 光谱变换、LOG 光谱变换、MSC 光谱变换、FD 光谱变换、SD 光谱变换和 CR 光谱变换为自变量的模型具有较高的决定系数 $\overline{R}^2$，值均不小于 0.85；土壤碱解氮除以 SG 和 MSC 光谱变换外，其余光谱变换的模型交叉验证系数 $\overline{R}^2$ 均大于 0.6，其中以 LOG 为自变量的模型的交叉验证系数 $\overline{R}^2$ 最大，均方根误差 RMSECV 最小，为 8.18。

对比校正集结果和交叉验证结果并结合最佳主成分数，土壤碱解氮以 LOG 光谱变换为自变量的模型的建模效果较好。

由验证集检验的结果显示，与校正集相比，虽然检验的决定系数 $\overline{R}_v^2$ 有所降低，均方根误差 RMSEP 有所提高，但建模效果较好的模型仍具有较好的精度。从相对分析误差 RPD 来看，土壤碱解氮的六种光谱变换模型中除 SG 光谱变换模型的相对分析误差 RPD 小于 1.8 外，SG 光谱变换、FD 光谱变换、CR 光谱变换在 1.8~2.0 之间，LOG 和 SD 光谱的相对分析误差 RPD 均大于 2.0，表明以 LOG 和 SD 光谱变换构建的 PLSR 模型具备很好地定量预测土壤碱解氮的能力，其中 LOG 光谱变换模型的相对分析误差 RPD 最大，为 2.65，验证系数 $\overline{R}_v^2$ 最大，均方根误差 RMSEP 最小，具备极好地定量预测土壤碱解氮的能力。

根据对校正集和验证集检验结果的分析，绘制预测值和实测值之间的 1∶1 散点图（见图4-3）。由图4-3可知，验证集样本的实测值与预测值之间的相关系数 r 均通过了 P=0.01 水平上的显著性检验，多数样本实测值与预测值集中在 1∶1 线附近，通过对比分析，土壤碱解氮以 LOG 光谱变换为自变量的 PLSR 模型为最佳模型。

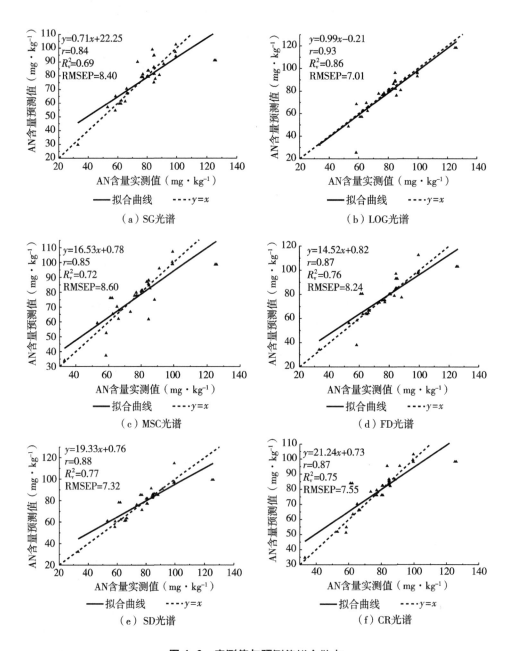

图 4-3 实测值与预测值拟合散点

4.2.4 土壤速效磷的偏最小二乘法定量反演模型

分别以 SG 光谱变换、LOG 光谱变换、MSC 光谱变换、FD 光谱变换、SD 光谱变换、CR 光谱变换的光谱特征波段为自变量，构建基于偏最小二乘法的土壤速效磷反演模型，采用交叉验证法来确定反演模型中最佳主成分数，利用校正集的 116 个土壤样本建立反演模型并进行交叉验证，然后根据验证集的 38 个土壤样本来评判模型预测精度，建模结果和建模精度如表 4-4 所示。

表 4-4 土壤速效磷的偏最小二乘法模型的建模与验证

光谱变换	主成分数	校正集（n=116）		交叉验证（n=116）		验证集（n=38）		
		$\overline{R}^2$	RMSEC	$\overline{R}^2$	RMSECV	$\overline{R}_v^2$	RMSEP	RPD
SG	12	0.89	3.06	0.70	5.14	0.64	3.93	1.64
LOG	12	0.86	3.45	0.66	5.45	0.55	4.09	1.48
MSC	14	0.93	8.03	0.59	18.95	0.84	3.04	2.47
FD	15	0.98	1.46	0.81	4.10	0.86	2.70	2.65
SD	10	0.95	2.07	0.80	4.19	0.86	2.72	2.64
CR	12	0.94	2.22	0.81	4.04	0.91	2.21	3.24

由表 4-4 的校正集结果可知，土壤速效磷分别以 SG 光谱变换、LOG 光谱变换、MSC 光谱变换、FD 光谱变换、SD 光谱变换和 CR 光谱变换为自变量的模型具有较高的决定系数 $\overline{R}^2$，值均大于 0.85；土壤速效磷分别以 FD、SD 和 CR 光谱变换为自变量的模型交叉验证系数 $\overline{R}^2$ 均大于 0.7，其中 CR 光谱变换的均方根误差 RMSECV 最小，为 4.04。

对比校正集结果和交叉验证结果并结合最佳主成分数，土壤速效磷以 FD 光谱变换为自变量的模型的建模效果较好。

由验证集检验的结果显示，与校正集相比，虽然检验的决定系数 $\overline{R}_v^2$ 有所降低，均方根误差 RMSEP 有所提高，但建模效果较好的模型仍具有较好的精度。从相对分析误差 RPD 来看，土壤速效磷的 6 种光谱变换模型中 SG 和 LOG 光谱变换模型的相对分析误差 RPD 在 1.4~1.8，MSC 光谱变换的相对分析误差 RPD 在 2.0~2.5，其余模型的相对分析误差 RPD 均大于 2.5，表明以 MSC 光谱变换、

FD 光谱变换、SD 光谱和 CR 光谱变换构建的 PLSR 模型具备极好地定量预测土壤速效磷的能力，其中 CR 光谱变换模型的相对分析误差 RPD 最大，为 3.24，验证系数 $\overline{R_v^2}$ 最大，均方根误差 RMSEP 最小。

根据对校正集和验证集检验结果的分析，绘制预测值和实测值之间的 1∶1 散点图（见图4-4）。由图4-4可知，验证集样本的实测值与预测值之间的相关系数 r 均通过了 $P=0.01$ 水平上的显著性检验，多数样本实测值与预测值集中在 1∶1 线附近，因此，土壤速效磷以 CR 光谱变换为自变量的 PLSR 模型为最佳模型。

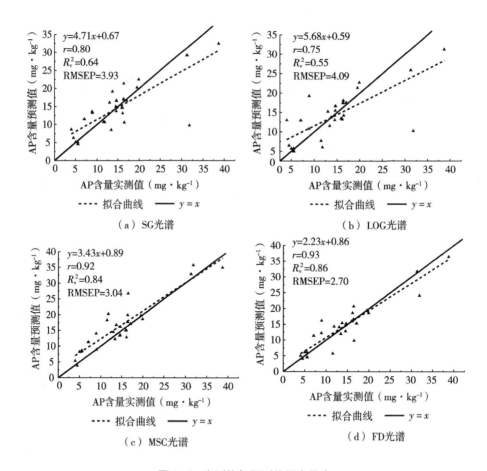

图 4-4　实测值与预测值拟合散点

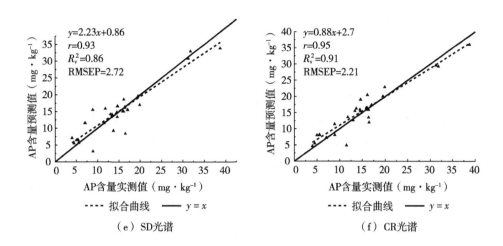

图 4-4　实测值与预测值拟合散点（续）

4.2.5　土壤速效钾的偏最小二乘法定量反演模型

分别以 SG 光谱变换、LOG 光谱变换、MSC 光谱变换、FD 光谱变换、SD 光谱变换、CR 光谱变换的光谱特征波段为自变量，构建基于偏最小二乘法的土壤速效钾反演模型，采用交叉验证法来确定反演模型中最佳主成分数，利用校正集的 116 个土壤样本建立反演模型并进行交叉验证，然后根据验证集的 38 个土壤样本来评判模型预测精度，建模结果和建模精度如表 4-5 所示。

表 4-5　土壤速效钾的偏最小二乘法模型的建模与验证

光谱变换	主成分数	校正集（n=116）		交叉验证（n=116）		验证集（n=38）		
		$\overline{R}^2$	RMSEC	$\overline{R}^2$	RMSECV	$\overline{R}_v^2$	RMSEP	RPD
SG	12	0.81	12.94	0.49	21.27	0.68	12.99	1.74
LOG	12	0.79	13.65	0.48	21.44	0.61	14.01	1.57
MSC	14	0.83	8.03	0.59	18.95	0.78	11.79	2.09
FD	12	0.90	9.38	0.64	17.95	0.48	12.07	1.37
SD	12	0.89	9.68	0.62	18.38	0.38	14.07	1.26
CR	6	0.60	18.71	0.38	23.45	0.66	12.09	1.69

由表 4-5 的校正集结果可知，土壤速效钾分别以 SG 光谱变换、LOG 光谱变

换、MSC 光谱变换、FD 光谱变换、SD 光谱变换和 CR 光谱变换为自变量的模型具有较高的决定系数 $\overline{R}^2$。除了以 CR 光谱变换为自变量的模型决定系数 $\overline{R}^2$ 为 0.60，其余决定系数 $\overline{R}^2$ 值均大于 0.78；土壤速效钾以 FD 和 SD 光谱变换为自变量的模型交叉验证系数 $\overline{R}^2$ 均大于 0.6，且均方根误差 RMSECV 最小。

对比校正集结果和交叉验证结果并结合最佳主成分数，土壤速效钾是以 FD 光谱变换为自变量的模型的建模效果较好。

由验证集检验的结果显示，与校正集相比，虽然检验的决定系数 $\overline{R}_v^2$ 有所降低，均方根误差 RMSEP 有所提高，但建模效果较好的模型仍具有较好的精度。从相对分析误差 RPD 来看，土壤速效钾的六种光谱变换模型中除 MSC 光谱变换模型的相对分析误差 RPD 大于 2.0 外，其余模型的相对分析误差 RPD 均小于 1.8，且 MSC 光谱变换模型的相对分析误差 RPD 最大，为 2.09，验证系数 $\overline{R}_v^2$ 最大，均方根误差 RMSEP 最小，表明以 MSC 光谱变换构建的 PLSR 模型具备很好的定量预测土壤速效钾的能力。

根据对校正集和验证集检验结果的分析，绘制预测值和实测值之间的 1∶1 散点图（见图 4-5）。由图 4-5 可知，验证集样本的实测值与预测值之间的相关系数 r 均通过了 $P=0.01$ 水平上的显著性检验，多数样本实测值与预测值集中在 1∶1 线附近，通过对比分析，土壤速效钾以 MSC 光谱变换为自变量的 PLSR 模型为最佳模型。

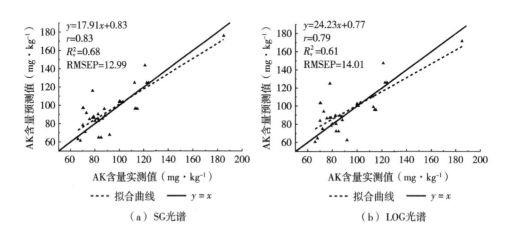

图 4-5　实测值与预测值拟合散点

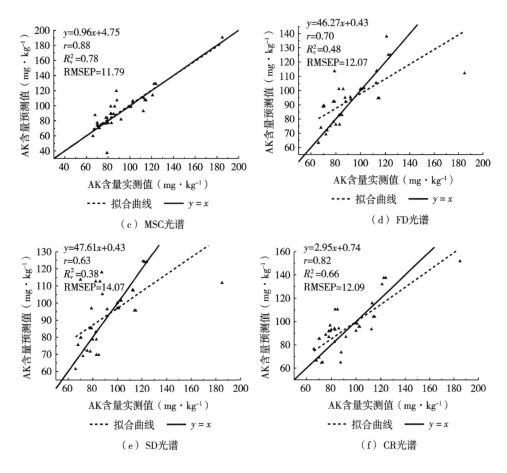

图 4-5　实测值与预测值拟合散点（续）

4.2.6　土壤 Fe 的偏最小二乘法定量反演模型

分别以 SG 光谱变换、LOG 光谱变换、MSC 光谱变换、FD 光谱变换、SD 光谱变换、CR 光谱变换的光谱特征波段为自变量，构建基于偏最小二乘法的土壤 Fe 反演模型，采用交叉验证法来确定反演模型中最佳主成分数，利用校正集的 116 个土壤样本建立反演模型并进行交叉验证，然后根据验证集的 38 个土壤样本来评判模型预测精度，建模结果和建模精度如表 4-6 所示。

表 4-6 Fe 的偏最小二乘法模型的建模与验证

光谱变换	主成分数	校正集（n=116）		交叉验证（n=116）		验证集（n=38）		
		$\overline{R}^2$	RMSEC	$\overline{R}^2$	RMSECV	$\overline{R}_v^2$	RMSEP	RPD
SG	9	0.90	0.91	0.79	1.30	0.87	0.95	2.73
LOG	9	0.91	0.83	0.85	2.82	0.92	0.74	3.59
MSC	14	0.95	0.64	0.86	1.05	0.94	0.61	4.08
FD	11	0.92	0.79	0.74	1.46	0.87	0.90	2.74
SD	5	0.84	1.13	0.68	1.62	0.84	1.01	2.45
CR	10	0.86	1.07	0.72	1.52	0.83	1.02	2.42

由表 4-6 的校正集结果可知，Fe 分别以 SG 光谱变换、LOG 光谱变换、MSC 光谱变换、FD 光谱变换、SD 光谱变换和 CR 光谱变换为自变量的模型具有较高的决定系数 $\overline{R}^2$，值均不小于 0.84；Fe 的六种光谱变换模型的交叉验证系数 $\overline{R}^2$ 均不小于 0.68，MSC 光谱变换的模型交叉验证系数 $\overline{R}^2$ 最大，为 0.86，均方根误差 RMSECV 最小，为 1.05。

对比校正集结果和交叉验证结果并结合最佳主成分数，Fe 是以 MSC 光谱变换为自变量的模型的建模效果较好。

由验证集检验的结果显示，与校正集相比，虽然检验的决定系数 $\overline{R}_v^2$ 有所降低，均方根误差 RMSEP 有所提高，但建模效果较好的模型仍具有较好的精度。从相对分析误差 RPD 来看，Fe 的六种光谱变换模型中 SD 光谱和 CR 光谱变换模型的相对分析误差 RPD 在 2.0~2.5，其余光谱变换模型的相对分析误差 RPD 均大于 2.5，表明以 SG 光谱变换、LOG 光谱变换、MSC 光谱变换和 FD 光谱变换构建的 PLSR 模型具备极好地预测 Fe 的能力，其中 MSC 光谱变换模型的相对分析误差 RPD 最大，为 4.08，验证系数 $\overline{R}_v^2$ 最大，均方根误差 RMSEP 最小。

根据对校正集和验证集检验结果的分析，绘制预测值和实测值之间的 1:1 散点图（见图 4-6）。由图 4-6 可知，验证集样本的实测值与预测值之间的相关系数 r 均通过了 $P=0.01$ 水平上的显著性检验，多数样本实测值与预测值集中在 1:1 线附近，通过对比分析，土壤 Fe 以 MSC 光谱变换为自变量的 PLSR 模型为最佳模型。

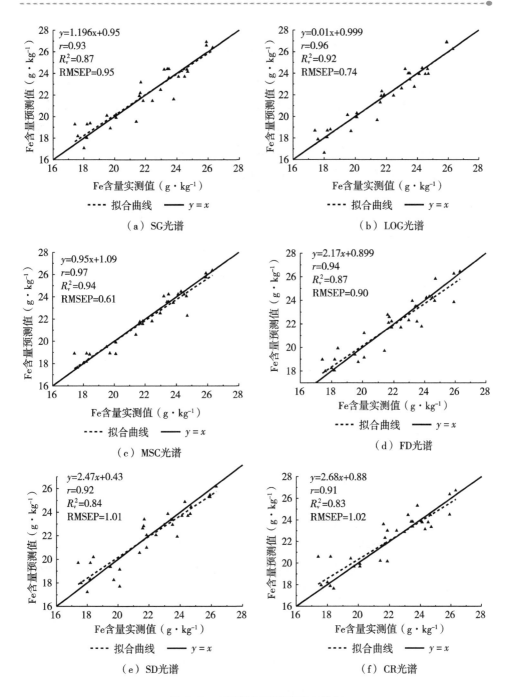

图 4-6　实测值与预测值拟合散点

4.2.7 土壤 Cr 的偏最小二乘法定量反演模型

分别以 SG 光谱变换、LOG 光谱变换、MSC 光谱变换、FD 光谱变换、SD 光谱变换、CR 光谱变换的光谱特征波段为自变量，构建基于偏最小二乘法的土壤 Cr 反演模型，采用交叉验证法来确定反演模型中最佳主成分数，利用校正集的 116 个土壤样本建立反演模型并进行交叉验证，然后根据验证集的 38 个土壤样本来评判模型预测精度，建模结果和建模精度如表 4-7 所示。

表 4-7 Cr 的偏最小二乘法模型的建模与验证

光谱变换	主成分数	校正集（n=116）		交叉验证（n=116）		验证集（n=38）		
		$\overline{R}^2$	RMSEC	$\overline{R}^2$	RMSECV	$\overline{R}_v^2$	RMSEP	RPD
SG	12	0.91	3.40	0.71	6.31	0.72	6.03	1.86
LOG	18	0.97	2.08	0.78	5.46	0.78	5.50	2.10
MSC	10	0.89	3.82	0.75	5.83	0.75	5.51	1.99
FD	6	0.86	4.28	0.76	5.77	0.70	5.63	1.81
SD	5	0.88	4.07	0.795	3.29	0.71	5.30	1.84
CR	13	0.93	3.10	0.77	5.66	0.79	4.80	2.15

由表 4-7 的校正集结果可知，Cr 分别以 SG 光谱变换、LOG 光谱变换、MSC 光谱变换、FD 光谱变换、SD 光谱变换和 CR 光谱变换为自变量的模型具有较高的决定系数 $\overline{R}^2$，值均大于 0.85；Cr 的六种光谱变换模型的交叉验证系数 $\overline{R}^2$ 均大于 0.7，SD 光谱变换的模型均方根误差 RMSECV 最小，为 3.29。

对比校正集结果和交叉验证结果并结合最佳主成分数，Cr 是以 CR 光谱变换为自变量的模型的建模效果较好。

由验证集检验的结果显示，与校正集相比，虽然检验的决定系数 $\overline{R}_v^2$ 有所降低，均方根误差 RMSEP 有所提高，但建模效果较好的模型仍具有较好的精度。从相对分析误差 RPD 来看，Cr 的六种光谱变换模型的相对分析误差 RPD 均大于 1.8，表明以 SG 光谱变换、LOG 光谱变换、MSC 光谱变换、FD 光谱变换、SD 光谱变换和 CR 光谱变换构建的 PLSR 模型具备预测 Cr 的能力，其中 LOG 光谱变换模型和 CR 光谱变换模型的相对分析误差 RPD 大于 2.0，而 CR 光谱变换模型的相对分析误差 RPD 最大，为 2.15，验证系数 $\overline{R_v^2}$ 最大，均方根误差 RMSEP 最小。

　　根据对校正集和验证集检验结果的分析，绘制预测值和实测值之间的 1∶1 散点图（见图 4-7）。由图 4-7 可知，验证集样本的实测值与预测值之间的相关系数 r 均通过了 $P=0.01$ 水平上的显著性检验，多数样本实测值与预测值集中在 1∶1 线附近，因此，土壤 Cr 以 CR 光谱变换为自变量的 PLSR 模型为最佳模型。

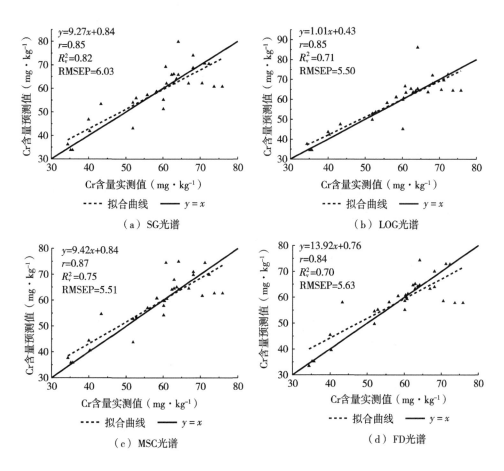

图 4-7　实测值与预测值拟合散点

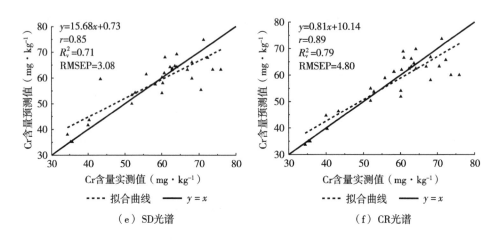

（e）SD光谱　　　　　　　　　（f）CR光谱

图4-7　实测值与预测值拟合散点（续）

4.2.8　土壤 Cd 的偏最小二乘法定量反演模型

分别以 SG 光谱变换、LOG 光谱变换、MSC 光谱变换、FD 光谱变换、SD 光谱变换、CR 光谱变换的光谱特征波段为自变量，构建基于偏最小二乘法的土壤 Cd 反演模型，采用交叉验证法来确定反演模型中最佳主成分数，利用校正集的 116 个土壤样本建立反演模型并进行交叉验证，然后根据验证集的 38 个土壤样本来评判模型预测精度，建模结果和建模精度如表4-8所示。

表4-8　Cd 的偏最小二乘法模型的建模与验证

光谱变换	主成分数	校正集（n=116）		交叉验证（n=116）		验证集（n=38）		
		$\overline{R^2}$	RMSEC	$\overline{R^2}$	RMSECV	$\overline{R_v^2}$	RMSEP	RPD
SG	11	0.85	0.024	0.54	0.043	0.72	0.026	1.89
LOG	9	0.78	0.029	0.56	0.041	0.80	0.021	2.21
MSC	11	0.81	0.030	0.54	0.042	0.63	0.030	1.61
FD	9	0.84	0.020	0.56	0.041	0.70	0.027	1.79
SD	13	0.86	0.020	0.42	0.050	0.68	0.031	1.74
CR	8	0.78	0.030	0.55	0.042	0.78	0.023	2.09

由表4-8的校正集结果可知，Cd 分别以 SG 光谱变换、LOG 光谱变换、MSC

光谱变换、FD 光谱变换、SD 光谱变换和 CR 光谱变换为自变量的模型具有较高的决定系数 $\overline{R}^2$，值均大于 0.75；Cd 以 LOG 光谱变换与 FD 光谱变换为自变量的模型交叉验证系数 $\overline{R}^2$ 最大，为 0.56，均方根误差 RMSECV 最小，为 0.041。

对比校正集结果和交叉验证结果并结合最佳主成分数，Cd 是以 LOG 光谱变换为自变量的模型的建模效果较好。

由验证集检验的结果显示，与校正集相比，虽然检验的决定系数 $\overline{R}_v^2$ 有所降低，均方根误差 RMSEP 有所提高，但建模效果较好的模型仍具有较好的精度。从相对分析误差 RPD 来看，Cd 的六种光谱变换模型中的 MSC 光谱变换、FD 光谱变换、SD 光谱变换模型的相对分析误差 RPD 在 1.4~1.8，SG 光谱变换模型的相对分析误差 RPD 在 1.8~2.0，LOG 光谱变换和 CR 光谱变换模型的相对分析误差 RPD 均在 2.0~2.5，其中 LOG 光谱变换模型的相对分析误差 RPD 最大，为 2.21，验证系数 $\overline{R}_v^2$ 最大，均方根误差 RMSEP 最小，表明 LOG 光谱变换构建的 PLSR 模型具备很好地预测 Cd 的能力。

根据对校正集和验证集检验结果的分析，绘制预测值和实测值之间的 1∶1 散点图（见图 4-8），由图 4-8 可知，验证集样本的实测值与预测值之间的相关系数 r 均通过了 $P=0.01$ 水平上的显著性检验，多数样本实测值与预测值集中在 1∶1 线附近，通过对比分析，土壤 Cd 以 LOG 光谱变换为自变量的 PLSR 模型为最佳模型。

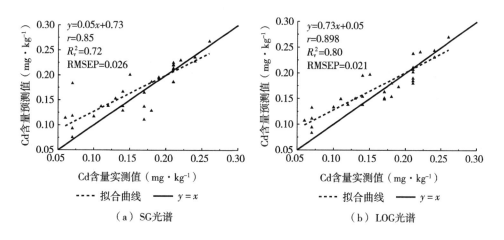

图 4-8　实测值与预测值拟合散点

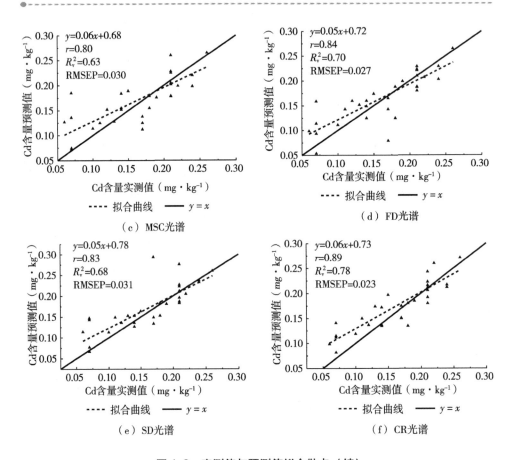

图 4-8　实测值与预测值拟合散点（续）

4.2.9　土壤 Zn 的偏最小二乘法定量反演模型

分别以 SG 光谱变换、LOG 光谱变换、MSC 光谱变换、FD 光谱变换、SD 光谱变换、CR 光谱变换的光谱特征波段为自变量，构建基于偏最小二乘法的土壤 Zn 反演模型，采用交叉验证法来确定反演模型中最佳主成分数，利用校正集的 116 个土壤样本建立反演模型并进行交叉验证，然后根据验证集的 38 个土壤样本来评判模型预测精度，建模结果和建模精度如表 4-9 所示。

表4-9　Zn 的偏最小二乘法模型的建模与验证

光谱变换	主成分数	校正集（n=116）		交叉验证（n=116）		验证集（n=38）		
		$\overline{R}^2$	RMSEC	$\overline{R}^2$	RMSECV	$\overline{R}_v^2$	RMSEP	RPD
SG	11	0.90	2.50	0.75	3.90	0.79	2.96	2.14
LOG	12	0.92	2.19	0.75	3.87	0.86	2.50	2.64
MSC	16	0.96	1.53	0.80	3.49	0.92	2.14	3.46
FD	5	0.82	3.25	0.71	4.23	0.73	3.51	1.90
SD	11	0.94	1.92	0.68	4.41	0.82	3.16	2.30
CR	12	0.95	1.68	0.77	3.74	0.92	1.99	3.44

由表4-9的校正集结果可知，Zn 分别以 SG 光谱变换、LOG 光谱变换、MSC 光谱变换、FD 光谱变换、SD 光谱变换和 CR 光谱变换为自变量的模型具有较高的决定系数 $\overline{R}^2$，值均大于0.80；Zn 除了以 SD 光谱变换为自变量的模型交叉验证系数 $\overline{R}^2$ 小于0.7，为0.68，其余均大于0.7。

对比校正集结果和交叉验证结果并结合最佳主成分数，Zn 是以 CR 光谱变换为自变量的模型的建模效果较好。

由验证集检验的结果显示，与校正集相比，虽然检验的决定系数 $\overline{R}_v^2$ 有所降低，均方根误差 RMSEP 有所提高，但建模效果较好的模型仍具有较好的精度。从相对分析误差 RPD 来看，Zn 的六种光谱变换模型中 FD 光谱变换模型的相对分析误差 RPD 为1.90以外，其余模型的相对分析误差 RPD 均大于2.0，表明以 SG 光谱变换、LOG 光谱变换、MSC 光谱变换、SD 光谱变换和 CR 光谱变换构建的 PLSR 模型具备很好地定量预测 Zn 的能力，其中 LOG 光谱变换、MSC 光谱变换和 CR 光谱变换模型的相对分析误差 RPD 均大于2.5，而 MSC 光谱变换模型的相对分析误差 RPD 最大，为3.46，验证系数 $\overline{R}_v^2$ 最大，均方根误差 RMSEP 最小。

根据对校正集和验证集检验结果的分析，绘制预测值和实测值之间的1∶1散点图（见图4-9）。由图4-9可知，验证集样本的实测值与预测值之间的相关系数 r 均通过了 P=0.01 水平上的显著性检验，多数样本实测值与预测值集中在1∶1线附近，通过对比分析，土壤 Zn 以 CR 光谱变换为自变量的 PLSR 模型为最佳模型。

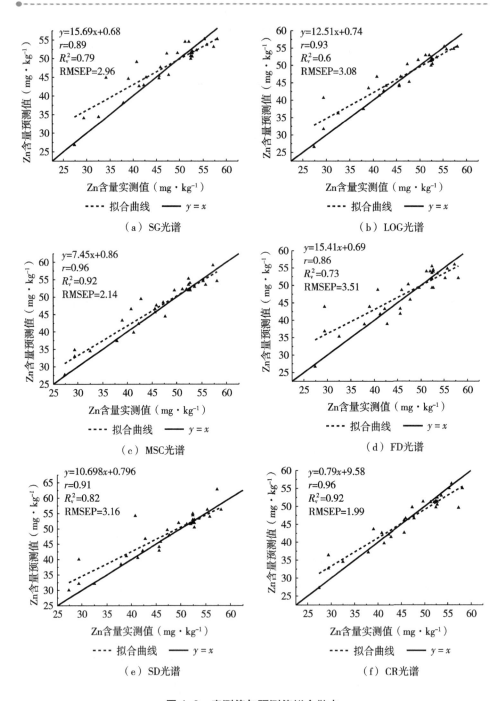

图 4-9 实测值与预测值拟合散点

4.2.10　土壤 Cu 的偏最小二乘法定量反演模型

分别以 SG 光谱变换、LOG 光谱变换、MSC 光谱变换、FD 光谱变换、SD 光谱变换、CR 光谱变换的光谱特征波段为自变量，构建基于偏最小二乘法的土壤 Cu 反演模型，采用交叉验证法来确定反演模型中最佳主成分数，利用校正集的 116 个土壤样本建立反演模型并进行交叉验证，然后根据验证集的 38 个土壤样本来评判模型预测精度，建模结果和建模精度如表 4-10 所示。

表 4-10　Cu 的偏最小二乘法模型的建模与验证

光谱变换	主成分数	校正集（n=116）		交叉验证（n=116）		验证集（n=38）		
		$\overline{R}^2$	RMSEC	$\overline{R}^2$	RMSECV	$\overline{R}_v^2$	RMSEP	RPD
SG	12	0.90	1.49	0.68	2.63	0.82	1.99	2.30
LOG	11	0.91	1.43	0.73	2.42	0.89	1.57	2.97
MSC	12	0.87	1.68	0.65	2.77	0.71	2.26	1.82
FD	7	0.91	1.41	0.81	2.01	0.77	2.02	2.05
SD	8	0.92	1.31	0.83	1.93	0.78	1.90	2.10
CR	7	0.84	1.87	0.74	2.38	0.61	2.56	1.59

由表 4-10 的校正集结果可知，Cu 分别以 SG 光谱变换、LOG 光谱变换、MSC 光谱变换、FD 光谱变换、SD 光谱变换和 CR 光谱变换为自变量的模型具有较高的决定系数 $\overline{R}^2$，值均大于 0.80；Cu 除了以 SG 和 MSC 光谱变换外，其余三种光谱变换模型交叉验证系数 $\overline{R}^2$ 均大于 0.7。

对比校正集结果和交叉验证结果并结合最佳主成分数，Cu 是以 SD 光谱变换为自变量的模型的建模效果较好。

由验证集检验的结果显示，与校正集相比，虽然检验的决定系数 $\overline{R}_v^2$ 有所降低，均方根误差 RMSEP 有所提高，但建模效果较好的模型仍具有较好的精度。从相对分析误差 RPD 来看，Cu 的六种光谱变换模型中除了 MSC 和 CR 光谱变换模型的相对分析误差 RPD 小于 2.0，其余模型的相对分析误差 RPD 均大于 2.0，表明以 SG 光谱变换、LOG 光谱变换、FD 光谱和 SD 光谱变换构建的 PLSR 模型具备很好地定量预测 Cu 的能力，其中 LOG 光谱变换模型的相对分析误差 RPD 最大，为 2.97，验证系数 $\overline{R}_v^2$ 最大，均方根误差 RMSEP 最小，具备极好地定量预测 Cu 的能力。

　　根据对校正集和验证集检验结果的分析，绘制预测值和实测值之间的 1∶1 散点图（见图 4-10）。由图 4-10 可知，验证集样本的实测值与预测值之间的相

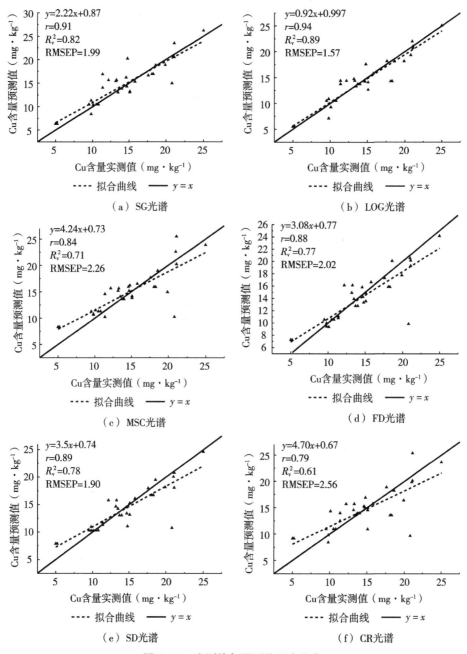

（a）SG光谱

（b）LOG光谱

（c）MSC光谱

（d）FD光谱

（e）SD光谱

（f）CR光谱

图 4-10　实测值与预测值拟合散点

关系数 r 均通过了 $P=0.01$ 水平上的显著性检验，多数样本实测值与预测值集中在 1 : 1 线附近，通过对比分析，土壤 Cu 以 LOG 光谱变换为自变量的 PLSR 模型为最佳模型。

4.2.11　土壤 Pb 的偏最小二乘法定量反演模型

分别以 SG 光谱变换、LOG 光谱变换、MSC 光谱变换、FD 光谱变换、SD 光谱变换、CR 光谱变换的光谱特征波段为自变量，构建基于偏最小二乘法的土壤 Pb 反演模型，采用交叉验证法来确定反演模型中最佳主成分数，利用校正集的 116 个土壤样本建立反演模型并进行交叉验证，然后根据验证集的 38 个土壤样本来评判模型预测精度，建模结果和建模精度如表 4-11 所示。

表 4-11　Pb 的偏最小二乘法模型的建模与验证

光谱变换	主成分数	校正集（n=116）		交叉验证（n=116）		验证集（n=38）		
		$\overline{R}^2$	RMSEC	$\overline{R}^2$	RMSECV	$\overline{R}_v^2$	RMSEP	RPD
SG	13	0.95	1.50	0.86	2.00	0.89	2.12	3.03
LOG	17	0.97	1.09	0.88	2.34	0.93	1.83	3.79
MSC	15	0.96	1.32	0.86	2.57	0.90	1.99	3.06
FD	6	0.91	2.00	0.84	2.74	0.92	1.90	3.40
SD	11	0.96	1.36	0.89	2.32	0.94	1.67	3.92
CR	7	0.89	2.26	0.80	3.04	0.93	1.79	3.62

由表 4-11 的校正集结果可知，Pb 分别以 SG 光谱变换、LOG 光谱变换、MSC 光谱变换、FD 光谱变换、SD 光谱变换和 CR 光谱变换为自变量的模型具有较高的决定系数 $\overline{R}^2$，值均大于 0.85；Pb 的六种光谱变换模型的交叉验证系数 $\overline{R}^2$ 均不小于 0.8，SD 光谱变换的模型的交叉验证系数 $\overline{R}^2$ 最大，为 0.89，均方根误差 RMSECV 最小，为 2.32。

对比校正集结果和交叉验证结果并结合最佳主成分数，Pb 是以 SD 光谱变换为自变量的模型的建模效果较好。

由验证集检验的结果显示，与校正集相比，虽然检验的决定系数 $\overline{R}_v^2$ 有所降低，均方根误差 RMSEP 有所提高，但建模效果较好的模型仍具有较好的精度。从相对分析误差 RPD 来看，Pb 的六种光谱变换模型的相对分析误差 RPD 均大于

2.5，表明以 SG 光谱变换、LOG 光谱变换、MSC 光谱变换、FD 光谱变换、SD 光谱变换和 CR 光谱变换构建的 PLSR 模型具备极好地预测 Pb 的能力，其中 SD 光谱变换模型的相对分析误差 RPD 最大，验证系数 $\overline{R}_v^2$ 最大，均方根误差 RMSEP 最小。

根据对校正集和验证集检验结果的分析，绘制预测值和实测值之间的 1 ∶ 1 散点图（见图 4-11）。由图 4-11 可知，验证集样本的实测值与预测值之间的相关系数 r 均通过了 $P=0.01$ 水平上的显著性检验，多数样本实测值与预测值集中在 1 ∶ 1 线附近，通过对比分析，土壤 Pb 以 SD 光谱变换为自变量的 PLSR 模型为最佳模型。

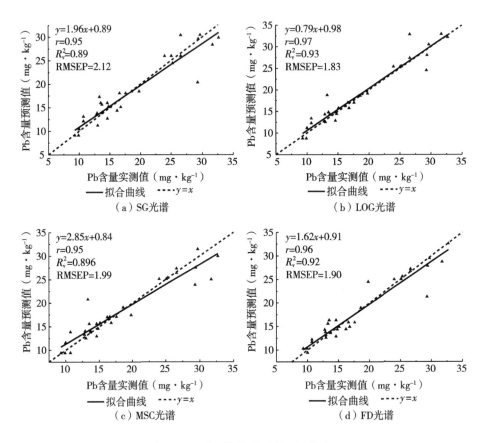

图 4-11　实测值与预测值拟合散点

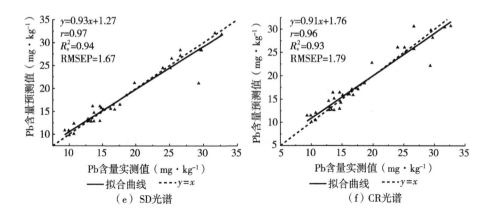

图 4-11　实测值与预测值拟合散点（续）

4.3　基于面板数据模型的土壤属性综合定量反演

通过选取 SG 光谱变换、LOG 光谱变换、MSC 光谱变换、FD 光谱变换、SD 光谱变换、CR 光谱变换的最佳共用光谱特征波段作为自变量，构建基于面板数据模型的土壤属性综合反演模型。利用校正集的 116 个土壤样本建立综合反演模型，验证集的 38 个土壤样本评判模型预测精度，检验精度采用校正集决定系数 $\overline{R}^2$、均方根误差 RMSEC；验证集决定系数 $\overline{R}^2_v$，均方根误差 RMSEP 和相对分析误差 RPD。

4.3.1　SG 光谱变换的土壤属性面板数据模型

运用选取 SG 光谱变换的共用光谱特征波段作为土壤属性反演模型的自变量，对新郑市的 116 个土壤样本的土壤属性含量的面板数据构建基于普通最小二乘估计法（OLS）的面板数据模型。为了降低异方差性的影响，分别对面板数据模型方程两边的变量求自然对数，得到面板数据模型为：

$$\ln y_{it} = a_i + b_{1i}\ln x_{1it} + b_{2i}\ln x_{2it} + \cdots + b_{ji}\ln x_{jit} + \mu_{it}$$

$$(i=1, 2, \cdots, N; \ t=1, 2, \cdots, T; \ j=1, 2, \cdots) \tag{4-2}$$

其中，y_{it} 为被解释变量在横截面 i 和样本 t 上的值，即土壤属性含量值；a_i

为常数项或截距项，代表第 i 个横截面（第 i 个体的影响）；b_{ji} 为第 i 个横截面上的第 j 个解释变量的模型参数；x_{jit} 为第 j 个解释变量在横截面 i 和样本 t 上的值，即土壤属性高光谱特征波段值；μ_{it} 为横截面 i 和样本 t 上的随机误差项；横截面数为 $i=1$，2，$\cdots$，N；样本数为 $t=1$，2，$\cdots$，T。N 表示个体横截面成员的个数，T 表示每个横截面成员的观测样本数，k 表示解释变量的个数。

对模型进行协方差分析检验，确定构建固定影响变系数模型，常数项 a_i 和系数向量 b_{ji} 都是依土壤属性的不同而变化，体现了土壤属性之间的差异性（见表4-12）。

表4-12　土壤属性的面板数据模型

系数	pH	SOM	AN	AP	AK	Fe	Cr	Cd	Zn	Cu	Pb
C						2.06					
Fix Effects（Cross）	0.35	−0.50	1.03	−3.88	2.24	0.08	3.20	−7.20	1.48	1.98	1.22
452nm	17.26	−74.83	−71.67	−430.84	−58.71	37.52	36.93	−7.72	−338.94	231.44	297.37
453nm	−17.26	8.17	39.36	209.69	−205.11	−85.53	−115.23	−211.84	535.20	−489.53	−692.74
454nm	4.64	−113.67	−283.05	863.31	568.22	24.58	118.57	757.47	−119.07	688.32	582.92
455nm	3.67	355.64	629.73	−1703.05	−547.68	82.26	−254.07	−844.06	80.76	−993.11	−1025.03
456nm	−13.86	−300.49	−538.26	1301.00	472.46	−141.29	545.02	216.82	−491.59	1059.08	1466.44
457nm	−5.66	108.29	315.91	−301.90	−185.63	105.03	−400.54	388.83	428.15	−614.91	−935.14
458nm	29.06	−16.39	−199.14	−381.99	−148.07	−48.89	−66.71	−351.55	−98.70	49.63	214.62
459nm	−17.79	34.63	108.43	448.64	104.31	24.81	136.57	50.59	3.42	67.11	93.68
680nm	6.38	−11.35	−34.44	−98.51	−37.19	34.86	37.97	30.93	55.77	46.66	−31.91
718nm	−82.78	731.12	1042.50	2529.25	881.37	−296.38	−793.51	−269.99	−1266.46	−915.99	1409.51
719nm	74.28	−732.00	−1016.48	−2445.70	−851.95	255.15	756.40	238.20	1220.21	880.14	−1405.28
740nm	2.51	8.02	2.04	11.52	4.73	6.93	−2.15	0.85	−8.69	−6.02	22.09
1415nm	−3.22	21.62	25.57	26.57	1.47	11.05	−5.22	25.70	7.36	15.65	−0.57
1659nm	3.19	−21.17	−21.85	−33.61	5.65	−11.08	6.76	−31.51	−9.13	−20.92	8.02

$$\overline{R}^2=0.9825 \quad \overline{R}_v^2=0.9799 \quad SSR=64.08$$
$$DW=1.3711 \quad F=380.6271 \quad Prob=0$$

由表4-12的结果表明，回归系数显著不为0，调整后的样本决定系数达0.9799，说明模型的拟合优度较高。F统计量较大，说明回归系数显著，回归模型整体显著。

运用构建的面板数据模型对土壤 pH 值、有机质（SOM）、碱解氮（AN）、速效磷（AP）、速效钾（AK）、铁（Fe）、铬（Cr）、镉（Cd）、锌（Zn）、铜（Cu）、铅（Pb）进行精度检验，结果如表4-13所示。

表4-13 土壤属性的面板数据模型的建模与预测

	校正集		验证集		
	$\overline{R}^2$	RMSEC	$\overline{R}_v^2$	RMSEP	RPD
pH	0.61	0.11	0.65	0.10	1.74
SOM	0.63	1.37	0.76	1.20	2.01
AN	0.68	7.56	0.56	9.52	1.49
AP	0.33	5.01	0.27	3.50	1.16
AK	0.45	13.54	0.17	17.44	1.08
Fe	0.69	1.35	0.82	1.47	1.81
Cr	0.34	6.05	0.31	7.47	1.18
Cd	0.39	0.03	0.57	0.03	1.57
Zn	0.35	2.21	0.49	3.41	1.38
Cu	0.42	4.20	0.23	2.48	1.11
Pb	0.63	3.39	0.70	3.54	1.79

由表4-13可知，校正集的土壤属性中决定系数 $\overline{R}^2$ 较高的为 Fe（0.69），对应的均方根误差为1.35；最低为 AP（0.33），对应的均方根误差为5.01。其中，除 AK 的均方根误差为13.54外，其余均方根误差都较低，说明面板数据模型构建的反演模型可以实现同时反演11种土壤属性。

从验证集的预测结果可知，pH、SOM、Fe、Cd、Zn、Pb 的决定系数 $\overline{R}_v^2$ 比校正集均有所提高，其余的均有所降低；均方根误差除了 Cd 无变化，以及 pH、SOM、AP 和 Cu 比建模集有所降低外，其余均有所提高；相对分析误差 RPD 均大于1.0，说明面板数据模型具备预测土壤属性含量的能力。其中，AP、AK、Cr、Cu 的相对分析误差在1.0~1.4，说明模型具有区别土壤 AP、AK、Cr、Cu 含量高值和低值的能力；pH、AN、Cd、Zn 和 Pb 的相对分析误差在1.4~1.8，说明模型具备一般的定量预测土壤 pH、AN、Cd、Zn 和 Pb 含量的能力；Fe 的相对分析误差在1.8~2.0，说明面板数据模型具有定量预测 Fe 的能力；SOM 的相对分析误差在 2.0~2.5，说明模型具有很好地定量预测 SOM 的能力。

为了更清晰展示面板数据固定影响变系数模型的建模精度，分别绘制实测值与面板数据模型反演的土壤属性含量图（见图4-12）以及散点图（见图4-13）。

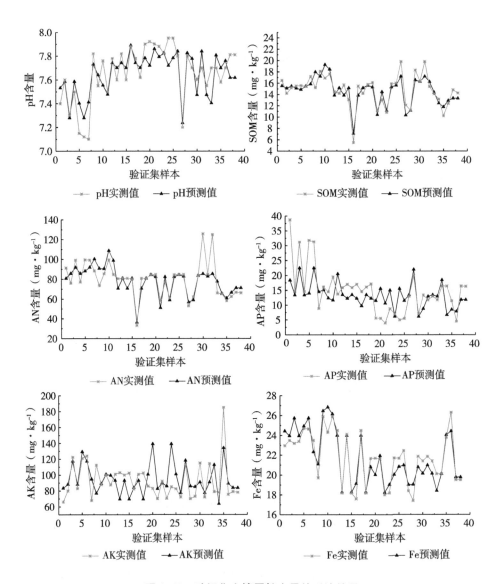

图4-12 验证集土壤属性含量的反演结果

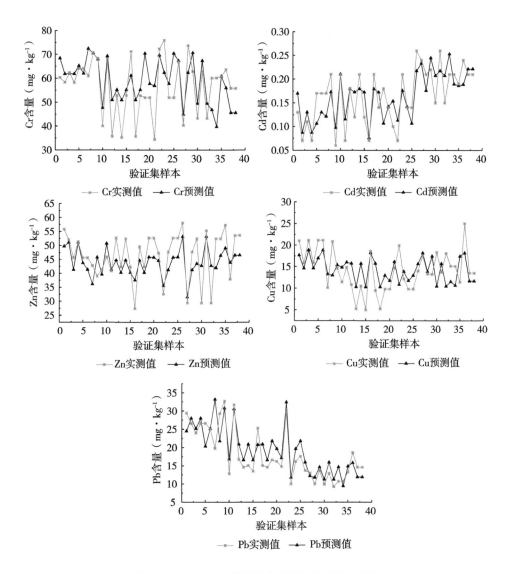

图 4-12 验证集土壤属性含量的反演结果（续）

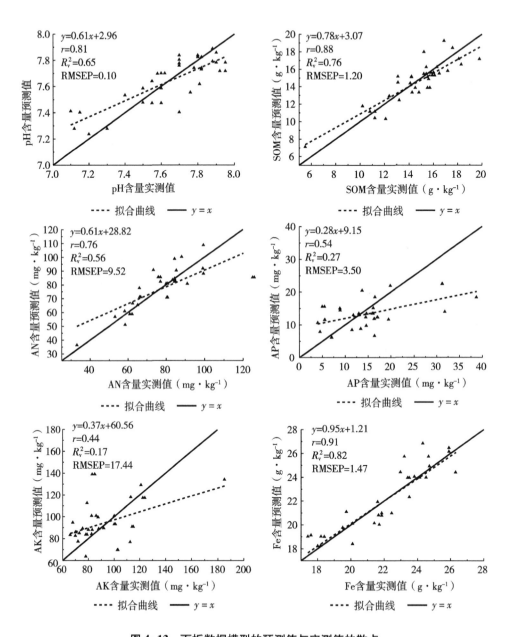

图 4-13　面板数据模型的预测值与实测值的散点

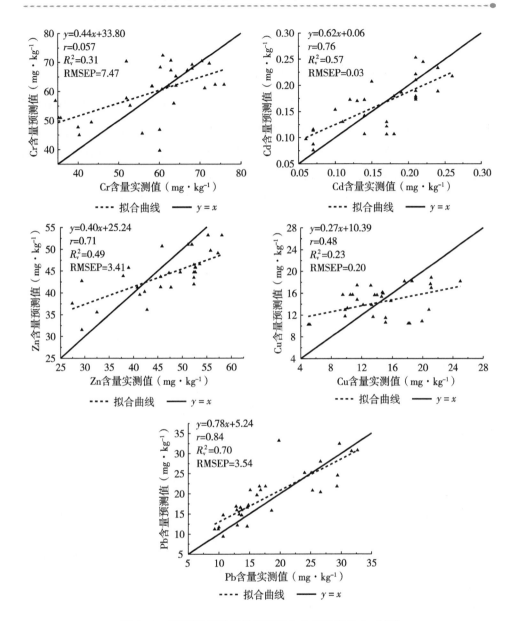

图4-13 面板数据模型的预测值与实测值的散点（续）

将图4-12和图4-13比较发现，面板数据模型反演的土壤属性含量值有少数几个样本与实测值有差异外，多数样本实测值与预测值都集中在 $y=x$，即 $1:1$ 线附近。实测值与预测值之间的相关系数 r 均通过了 $P=0.01$ 水平上的显著性检验，说明以SG光谱变换为自变量的面板数据模型具备一定的预测能力，可以用于同时反演多种土壤属性。

4.3.2 LOG 光谱变换的土壤属性面板数据模型

运用选取 LOG 光谱变换的共用光谱特征波段作为土壤属性反演模型的自变量，对新郑市的 116 个土壤样本的土壤属性含量的面板数据构建基于普通最小二乘估计法（OLS）的面板数据模型。为了降低异方差性的影响，分别对面板数据模型方程两边的变量求自然对数，得到面板数据模型为：

$$\ln y_{it} = a_i + b_{1i}\ln x_{1it} + b_{2i}\ln x_{2it} + \cdots + b_{ji}\ln x_{jit} + \mu_{it} \quad (i=1,2,\cdots,N; \ t=1,2,\cdots,T)$$

$$(4-3)$$

其中，y_{it} 为被解释变量在横截面 i 和样本 t 上的值，即土壤属性含量值；a_i 为常数项或截距项，代表第 i 个横截面（第 i 个体的影响）；b_{ji} 为第 i 个横截面上的第 j 个解释变量的模型参数；x_{jit} 为第 j 个解释变量在横截面 i 和样本 t 上的值，即土壤属性高光谱特征波段值；μ_{it} 为横截面 i 和样本 t 上的随机误差项；横截面数为 $i=1,2,\cdots,N$；样本数为 $t=1,2,\cdots,T$。N 表示个体横截面成员的个数，T 表示每个横截面成员的观测样本数，k 表示解释变量的个数。

对模型进行协方差分析检验，确定构建固定影响变系数模型，常数项 a_i 和系数向量 b_{ji} 都是依土壤属性的不同而变化，体现了土壤属性之间的差异性（见表 4-14）。

表 4-14　土壤属性的面板数据模型

系数	pH	SOM	AN	AP	AK	Fe	Cr	Cd	Zn	Cu	Pb
C						0.599					
Fix Effects（Cross）	1.68	-0.31	0.55	-2.27	4.71	2.00	4.44	-3.54	1.05	-5.22	-3.07
431nm	4.50	-23.31	-80.79	-96.21	28.20	69.58	125.24	-66.90	60.14	-164.56	37.71
441nm	-18.35	132.25	335.74	96.30	79.46	-75.27	-373.08	-135.05	-90.32	88.24	-190.41
451nm	-3.84	-7.45	-34.60	794.59	-289.51	26.46	584.97	308.50	32.32	600.31	660.92
461nm	20.26	-3.41	86.08	-1765.15	701.10	134.07	-336.82	-72.21	109.98	-969.54	-900.00
462nm	-27.27	-74.59	-705.29	1296.28	-1442.62	-85.68	1420.70	1544.31	-847.14	2922.72	1747.15
463nm	28.90	161.92	440.95	-633.11	926.47	11.30	-1881.50	-2932.19	1143.82	-3120.01	-1641.21
464nm	-4.65	-187.91	-40.31	335.55	0.31	-82.88	453.30	1352.35	-410.61	678.33	286.38
607nm	114.41	183.91	-3186.73	-8764.53	1180.80	406.19	-1097.62	-931.94	-1198.87	-736.80	877.34

系数	pH	SOM	AN	AP	AK	Fe	Cr	Cd	Zn	Cu	Pb
608nm	−229.77	−766.82	7154.53	17013.46	−1003.04	−394.57	831.98	6322.71	2549.58	−233.08	−4117.50
609nm	348.29	1814.25	−7687.22	−17469.03	−5352.16	−8.90	1368.79	−6627.18	−2317.95	4587.44	8065.72
610nm	−255.02	−1514.58	4021.80	10155.08	5131.83	−214.74	−822.94	2160.10	863.66	−3804.89	−5731.92
611nm	70.40	422.50	−556.89	−2220.95	220.30	254.69	−786.07	−927.58	296.01	−996.25	1291.96
621nm	−86.22	−487.85	710.46	416.65	633.39	168.95	1250.17	−1270.67	−608.87	1482.53	−233.95
631nm	−54.94	1074.60	−82.08	5426.23	−1621.56	−310.49	−697.51	3020.58	839.73	931.77	238.24
641nm	152.54	−898.18	−1041.15	−5366.46	1021.92	18.33	−879.82	−2092.16	−63.40	−2578.15	−2481.80
651nm	12.14	−717.17	294.71	−2821.05	−691.34	271.68	1640.29	−1632.68	−298.96	479.57	3160.44
661nm	−197.07	1429.63	924.27	6905.82	1531.60	−447.34	−74.51	3916.77	−561.72	1966.36	136.71
671nm	572.94	−133.73	−419.24	−6504.89	−2496.40	−512.59	−4833.95	−4071.54	3609.34	−6187.14	−5442.36
672nm	−539.76	−854.04	−1463.01	2867.08	1648.22	1646.29	6312.22	4818.20	−7157.16	10531.78	10001.63
673nm	−300.07	1287.32	3403.87	−248.16	1527.59	−2156.32	−7241.10	−1063.17	5617.62	−12331.42	−8474.33
674nm	397.25	−612.32	−1842.30	1328.65	−1677.90	1267.50	4671.05	−2002.84	−1733.36	7533.23	2487.52
675nm	−15.33	−321.98	−405.03	−972.64	−254.97	48.04	726.94	852.06	339.11	−798.79	380.12
732nm	404.68	417.05	122.11	864.64	−366.47	−1445.88	−4803.88	−12417.38	285.69	−5901.73	−743.77
733nm	−759.39	−292.36	689.50	−1921.24	4805.45	2421.71	8866.40	16647.82	−3204.62	9339.77	2086.98
734nm	399.74	−305.28	−447.55	1614.29	−4082.56	−1225.24	−4852.51	−5492.21	2359.90	−2643.04	−1584.67
744nm	−53.31	722.41	−165.68	−590.28	−297.98	473.62	135.83	1692.60	829.09	−1380.40	−263.45
752nm	18.10	−439.91	−17.35	249.56	142.31	−257.76	289.37	−889.63	−445.13	702.08	352.86
1655nm	12.91	−29.90	−48.49	190.56	−4.37	−3.81	−25.58	−166.99	66.94	35.52	−25.11
1659nm	−13.53	34.12	50.33	−135.78	4.57	0.54	12.96	168.96	−51.16	−28.23	12.34
2204nm	0.87	−0.79	−2.73	−38.99	−7.78	2.77	0.75	−3.08	−7.55	−13.46	−4.01
2361nm	−0.37	−4.41	−0.68	−0.13	9.84	0.05	4.19	1.14	−5.41	10.53	4.04
2370nm	0.36	−0.29	−0.33	1.33	5.36	0.14	−3.52	−7.36	−0.34	−1.95	0.19
2400nm	−0.22	0.29	0.99	1.58	−5.53	0.62	8.92	−4.83	−1.04	−0.22	5.37

$$\overline{R}^2 = 0.9930 \quad \overline{R}_v^2 = 0.9901 \quad SSR = 25.61$$
$$DW = 1.96 \quad F = 343.67 \quad Prob = 0$$

由表4-14的结果表明，回归系数显著不为0，调整后的样本决定系数达0.9901，说明模型的拟合优度较高。F统计量较大，说明回归系数显著，回归模型整体显著。

运用构建的面板数据模型对土壤 pH 值、SOM、AN、AP、AK、Fe、Cr、Cd、Zn、Cu、Pb 进行精度检验，结果如表 4-15 所示。

表 4-15　土壤属性的面板数据模型的建模与预测

	校正集		验证集		
	$\overline{R}^2$	RSMEC	$\overline{R}_v^2$	RSMEP	RPD
pH	0.73	0.10	0.79	0.09	2.17
SOM	0.92	0.69	0.87	0.97	2.70
AN	0.82	5.85	0.80	6.08	2.22
AP	0.64	5.34	0.62	3.30	1.61
AK	0.76	11.63	0.70	15.69	1.79
Fe	0.91	0.80	0.95	0.61	4.34
Cr	0.81	4.79	0.69	5.73	1.78
Cd	0.76	0.03	0.65	0.04	1.61
Zn	0.78	3.30	0.69	3.72	1.66
Cu	0.71	2.27	0.78	1.92	2.10
Pb	0.77	3.01	0.80	2.60	2.21

由表 4-15 可知，校正集的每个土壤属性都具有较高的决定系数 $\overline{R}^2$，最高为 SOM（0.92），对应的均方根误差为 0.69；最低为 AP（0.64），对应的均方根误差为 5.34，均方根误差都较低，说明面板数据模型构建的反演模型可以实现同时反演 11 种土壤属性，且具备较好的建模精度。

从验证集的预测结果可知，pH、Fe、Cu 和 Pb 的决定系数 $\overline{R}_v^2$ 比校正集有所提高，其余的均有所降低；pH、AP、Fe、Cu 和 Pb 的均方根误差比校正集有所降低，其余均有所提高；相对分析误差 RPD 均大于 1.4，说明面板数据模型具备预测土壤属性含量的能力。其中，AP、AK、Cr、Cd 和 Zn 的相对分析误差在 1.4~1.8，说明模型具备预测土壤 AP、AK、Cr、Cd 和 Zn 含量的能力；pH、AN、Cu 和 Pb 的相对分析误差在 2.0~2.5，说明模型具有很好的定量预测土壤 pH、AN、Cu 和 Pb 的能力；SOM 和 Fe 的相对分析误差大于 2.5，说明模型具有极好地预测土壤 SOM 和 Fe 的能力。

为了更清晰地展示面板数据固定影响变系数模型的建模精度，分别绘制实测值与面板数据模型反演的土壤属性含量图（见图4-14）以及散点图（见图4-15）。

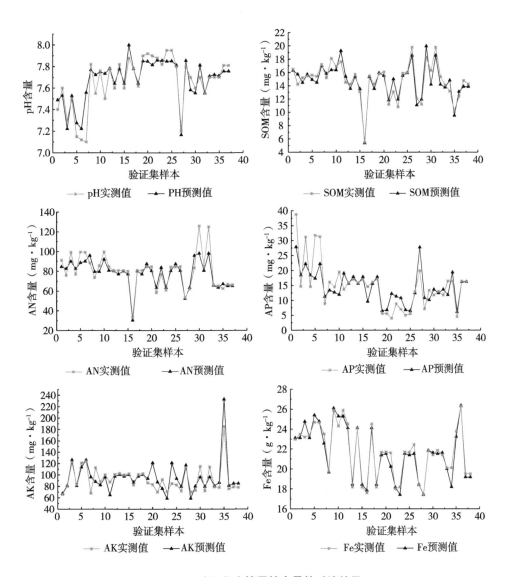

图4-14　验证集土壤属性含量的反演结果

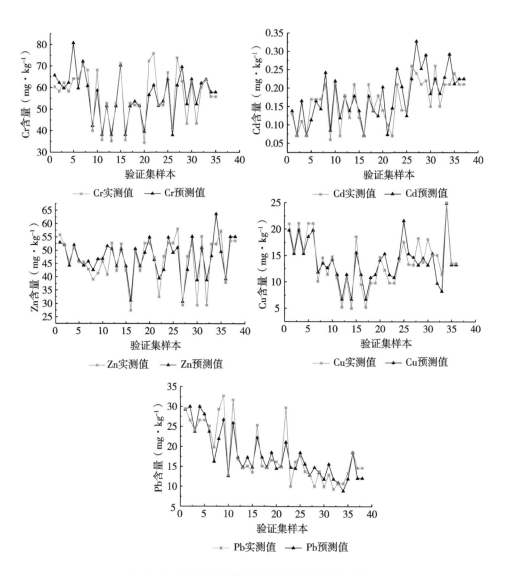

图 4-14 验证集土壤属性含量的反演结果（续）

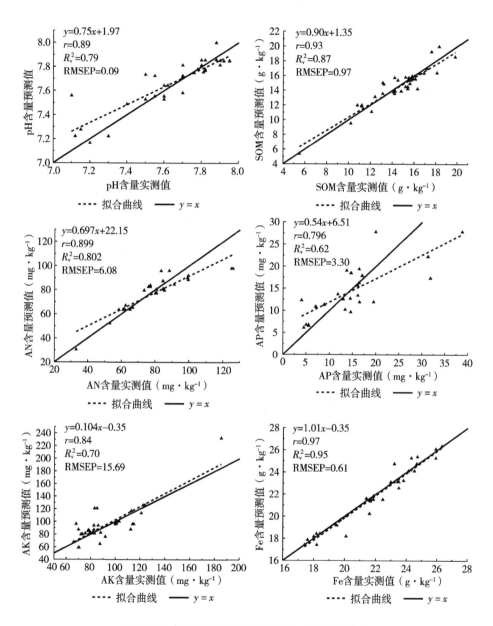

图 4-15 面板数据模型的预测值与实测值的散点

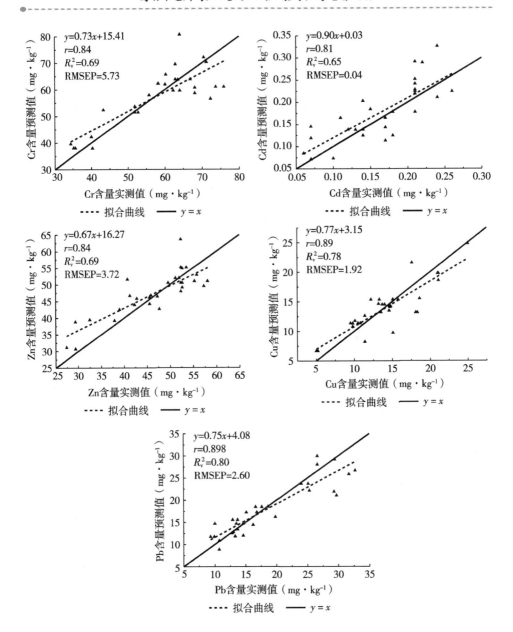

图 4-15 面板数据模型的预测值与实测值的散点（续）

将图 4-14 和图 4-15 比较发现，面板数据模型反演的土壤属性含量值有少数几个样本与实测值有差异外，多数样本实测值与预测值都集中在 $y=x$，即 1 : 1 线附近。实测值与预测值之间的相关系数 r 均通过了 $P=0.01$ 水平上的显著性检验，说明以 LOG 光谱变换为自变量的面板数据模型具备一定的预测能力，可以用于同时反演多种土壤属性。

4.3.3　MSC 光谱变换的土壤属性面板数据模型

运用选取 MSC 光谱变换的共用显著光谱特征波段作为土壤属性反演模型的自变量，对新郑市的 116 个土壤样本的土壤属性含量的面板数据构建基于普通最小二乘估计法（OLS）的面板数据模型。为了降低异方差性的影响，分别对面板数据模型方程两边的变量求自然对数，得到面板数据模型为：

$$\ln y_{it} = a_i + b_{1i}\ln x_{1it} + b_{2i}\ln x_{2it} + \cdots + b_{ji}\ln x_{jit} + \mu_{it} \quad (i=1, 2, \cdots, N; \ t=1, 2, \cdots, T)$$

$$(4-4)$$

其中，y_{it} 为被解释变量在横截面 i 和样本 t 上的值，即土壤属性含量值；a_i 为常数项或截距项，代表第 i 个横截面（第 i 个体的影响）；b_{ji} 为第 i 个横截面上的第 j 个解释变量的模型参数；x_{jit} 为第 j 个解释变量在横截面 i 和样本 t 上的值，即土壤属性高光谱特征波段值；μ_{it} 为横截面 i 和样本 t 上的随机误差项；横截面数为 $i=1, 2, \cdots, N$；样本数为 $t=1, 2, \cdots, T$。N 表示个体横截面成员的个数，T 表示每个横截面成员的观测样本数，k 表示解释变量的个数。

对模型进行协方差分析检验，确定构建固定影响变系数模型，常数项 a_i 和系数向量 b_{ji} 都是依土壤属性的不同而变化，体现了土壤属性之间的差异性（见表 4-16）。

表 4-16　土壤属性的面板数据模型

系数	pH	SOM	AN	AP	AK	Fe	Cr	Cd	Zn	Cu	Pb
C						15.39					
Fix Effects（Cross）	-19.40	91.66	124.72	-125.35	71.77	14.20	-78.50	55.77	-41.80	-66.37	-26.71
450nm	-1.73	-5.64	8.12	-84.46	23.16	2.55	-2.80	5.56	-17.85	-17.18	-48.83
487nm	-51.16	216.80	-14.22	3613.70	2666.37	-160.52	-247.96	612.49	296.60	123.57	1029.02
488nm	144.75	-534.72	6.22	-8624.11	-6860.39	448.04	380.95	-1681.05	-706.72	-501.33	-2367.71
489nm	-210.40	1078.72	201.37	9870.34	7543.00	-569.72	-600.01	1134.99	691.31	174.06	2789.53
490nm	205.15	-1115.59	-289.13	-7817.09	-5311.91	501.06	388.42	-417.55	-670.51	816.19	-1999.78
491nm	-132.48	763.91	-254.05	6879.98	2888.55	-466.37	382.59	-959.55	1252.42	-1706.01	2026.72
492nm	90.93	-420.86	1230.04	-8200.67	-2288.55	695.28	-1208.49	2441.89	-1896.74	2155.83	-3037.78
493nm	-95.33	-217.94	-1806.55	8927.93	4159.58	-1081.91	1470.46	-2497.97	1855.24	-1615.50	3693.76

续表

系数	pH	SOM	AN	AP	AK	Fe	Cr	Cd	Zn	Cu	Pb
494nm	102.69	457.97	1676.12	-10002.98	-7759.51	1417.09	-796.46	775.45	-1198.15	514.01	-3918.37
495nm	-137.03	55.95	-1069.60	11426.73	8990.06	-1516.30	494.24	-195.53	340.06	1103.63	4748.06
496nm	170.89	-686.47	140.69	-8737.52	-5391.40	1033.91	-295.60	936.30	62.30	-1467.17	-4338.51
497nm	-94.22	458.13	215.69	2858.29	1456.49	-327.84	132.93	-237.28	-7.43	509.82	1700.03
502nm	38.34	-91.94	320.76	-1152.33	-67.01	46.66	31.16	-315.26	-134.46	-765.76	-680.43
503nm	-37.16	50.58	-360.29	921.41	-88.17	-17.61	-178.38	763.64	152.21	700.70	188.74
515nm	8.75	2.54	18.95	73.79	66.63	2.13	47.99	-423.29	-33.78	-67.07	215.25
559nm	-2.84	8.68	-4.61	13.84	-16.77	-5.40	-15.64	42.24	8.07	39.10	15.13
720nm	9.72	-18.00	-177.39	380.69	137.55	-68.66	9.01	-365.13	-134.66	205.67	600.42
736nm	14.57	172.49	1065.61	-3592.08	-732.14	534.34	1138.58	-1876.92	75.90	-1430.89	-1519.07
738nm	-58.84	-406.33	-641.00	3168.14	1205.94	-170.64	-1049.59	3346.03	175.81	1183.47	-1218.74
740nm	20.20	689.15	-60.94	278.86	-929.66	-456.70	-691.10	-722.29	-23.70	-161.09	2970.23
760nm	-641.60	319.19	3572.16	-2238.16	-3218.99	394.50	2677.32	-6764.52	-241.28	-1612.66	2735.09
761nm	1628.96	-7535.41	-19672.89	4578.55	4886.44	-3737.32	1648.06	24142.91	2558.57	9779.17	-13871.12
762nm	-1871.67	15994.63	35836.32	-9967.61	2200.89	8695.27	-13233.25	-37983.01	-5541.75	-23807.96	20125.45
763nm	1324.05	-16918.04	-34788.02	16869.14	-8478.28	-9017.69	18240.91	38465.94	5691.62	32045.31	-16534.29
764nm	-477.53	11087.86	24111.21	-26038.20	14208.73	7270.34	-14217.18	-33018.51	-5308.54	-23465.18	9091.82
765nm	325.72	-7660.85	-15569.66	25502.12	-12693.75	-5761.77	9833.43	15203.17	3935.36	7733.72	-2292.53
766nm	-144.99	3978.11	5913.65	-10555.06	3017.34	2384.07	-3780.66	-790.46	-1908.82	124.99	-1644.08
770nm	-131.02	324.25	451.63	1550.16	445.80	-56.63	-595.20	376.30	705.40	-626.07	1524.31
1415nm	-6.14	-1.04	-12.00	179.06	31.17	-6.64	59.53	16.99	29.19	32.87	19.38
1498nm	124.27	250.02	-247.04	466.70	-2267.88	95.13	221.18	-862.71	393.52	42.51	-1139.99
1499nm	-119.32	-195.59	345.10	-758.58	2219.16	-59.87	-368.44	941.62	-423.61	-134.44	1028.88
1652nm	4.98	19.36	129.30	-116.28	362.46	-218.10	80.10	-1352.62	-648.10	-31.82	1023.02
1653nm	-4.83	-28.91	-161.26	271.89	-344.88	202.87	-14.46	1304.67	649.90	90.45	-895.95
1956nm	-2.45	27.20	58.01	63.21	141.70	-26.55	-151.74	137.70	7.16	-255.16	-172.47
1957nm	4.41	-29.10	-57.77	-45.64	-99.68	20.94	142.58	-110.46	-8.62	230.17	144.60
1965nm	-9.79	20.20	9.39	-154.51	126.99	7.02	75.87	162.78	-21.38	-38.79	23.41
1966nm	8.65	-21.08	-8.38	111.80	-155.64	10.72	-48.76	-201.30	26.03	70.11	12.97
2150nm	-2.43	-15.58	-27.89	-4.20	-16.22	-0.31	33.78	37.71	-11.68	40.64	61.94
2154nm	1.95	-12.01	-3.39	62.90	3.77	-14.27	-8.30	-32.51	17.61	-36.25	-39.31
2297nm	5.39	-71.37	-64.30	-216.37	-84.19	-2.01	19.09	169.89	27.07	61.99	-87.95
2298nm	-13.25	158.24	154.06	487.39	108.27	-6.45	-22.18	-335.50	-53.60	-96.74	219.08
2299nm	7.46	-90.55	-84.49	-253.74	-32.83	6.45	7.08	206.87	28.00	45.23	-147.34
2309nm	-0.81	23.89	23.72	27.20	-5.43	2.93	-17.03	-11.21	0.28	-11.05	-6.60
2324nm	-0.03	4.93	-0.28	-34.28	6.33	2.71	-20.00	41.56	1.25	-2.58	-13.28

$$\bar{R}^2 = 0.9971 \quad \bar{R}_v^2 = 0.9953 \quad SSR = 10.58$$

$$DW = 1.89 \quad F = 546.22 \quad Prob = 0$$

由表 4-16 的结果表明，回归系数显著不为 0，调整后的样本决定系数达 0.9953，说明模型的拟合优度较高。F 统计量较大，说明回归系数显著，回归模型整体显著。

运用构建的面板数据模型对土壤 pH 值、SOM、AN、AP、AK、Fe、Cr、Cd、Zn、Cu、Pb 进行精度检验，结果如表 4-17 所示。

表 4-17　土壤属性的面板数据模型的建模与预测

	校正集		验证集		
	$\overline{R}^2$	RMSEC	$\overline{R}_v^2$	RMSEP	RPD
pH	0.88	0.07	0.83	0.09	2.48
SOM	0.95	0.52	0.85	1.06	2.56
AN	0.97	2.51	0.89	6.20	2.95
AP	0.90	0.91	0.79	4.02	2.18
AK	0.87	9.47	0.71	11.59	1.86
Fe	0.93	0.72	0.89	0.97	3.04
Cr	0.87	3.95	0.78	5.05	2.13
Cd	0.80	0.03	0.62	0.04	1.43
Zn	0.95	1.71	0.89	2.77	3.04
Cu	0.91	1.35	0.71	3.08	1.87
Pb	0.90	2.15	0.74	3.23	1.94

由表 4-17 可知，校正集的每个土壤属性都具有较高的决定系数 $\overline{R}^2$，最高为 AN（0.97），对应的均方根误差为 2.51；最低为 Cd（0.80），对应的均方根误差为 0.03，均方根误差都较低，说明面板数据模型构建的反演模型可以同时实现反演 11 种土壤属性，且具备较好的建模精度。

从验证集的预测结果可知，验证集的决定系数 $\overline{R}_v^2$ 均有所降低，均方根误差比校正集均有所提高，但相对分析误差 RPD 均大于 1.4，说明面板数据模型具备预测土壤属性含量的能力。其中，Cd 的相对分析误差在 1.4~1.8，说明模型具备预测土壤重金属 Cd 含量的能力；AK 的相对分析误差在 1.8~2.0，表明面板数据模型具有定量预测 AK 能力；Cu 和 Pb 的相对分析误差在 2.0~2.5，说明模型具有很好地定量预测 Cu 和 Pb 的能力；pH、SOM、AN、AP、Fe、Cr 和 Zn 的相对分析误差均大于 2.5，说明模型具有极好的预测 pH、SOM、AN、AP、Fe、Cr

和 Zn 的能力。

为了更清晰地展示面板数据固定影响变系数模型的建模精度，分别绘制实测值与面板数据模型反演的土壤属性含量图（见图 4-16）以及散点图（见图 4-17）。

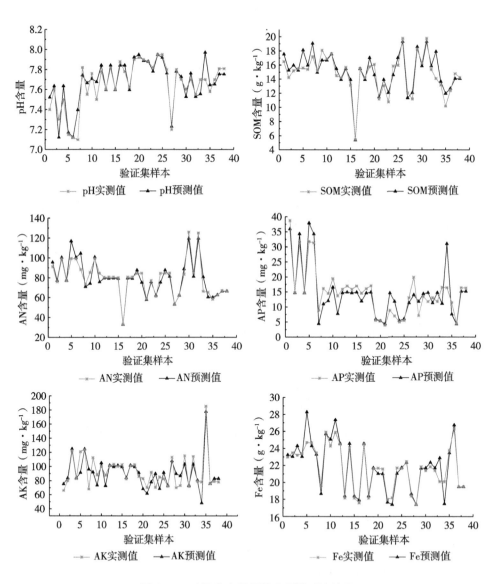

图 4-16 验证集土壤属性含量的反演结果

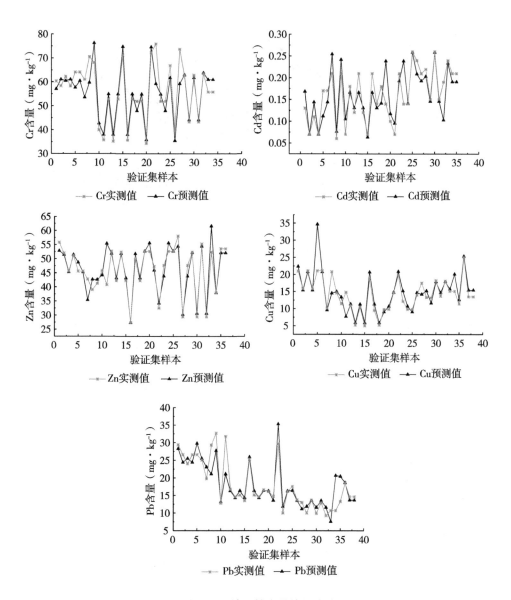

图 4-16 验证集土壤属性含量的反演结果（续）

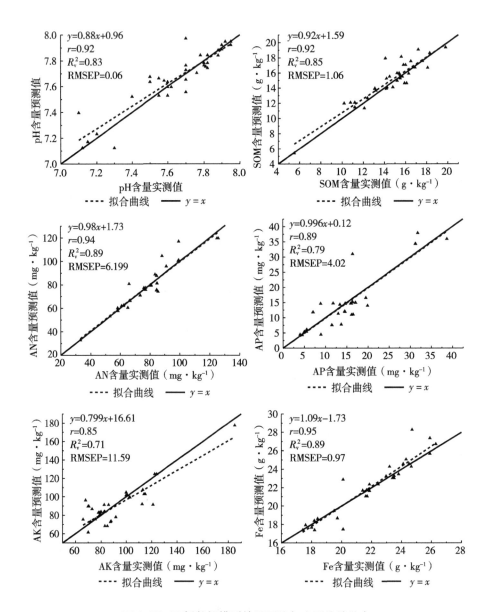

图 4-17　面板数据模型的预测值与实测值的散点

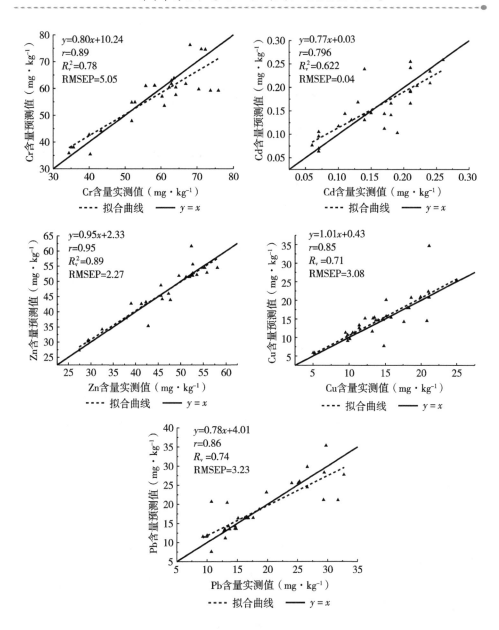

图 4-17　面板数据模型的预测值与实测值的散点（续）

　　将图 4-16 和图 4-17 比较发现，面板数据模型反演的土壤属性含量值有少数几个样本与实测值有差异外，多数样本实测值与预测值都集中在 $y=x$，即 1：1 线附近。实测值与预测值之间的相关系数 r 均通过了 $P=0.01$ 水平上的显著性检验，说明以 MSC 光谱变换为自变量的面板数据模型具备较好的预测能力，可以用于同时反演多种土壤属性。

4.3.4 FD 光谱变换的土壤属性面板数据模型

运用选取 FD 光谱变换的共用光谱特征波段作为土壤属性反演模型的自变量，对新郑市的 116 个土壤样本的土壤属性含量的面板数据构建基于普通最小二乘估计法（OLS）的面板数据模型为：

$$y_{it} = a_i + b_{1i}x_{1it} + b_{2i}x_{2it} + \cdots + b_{ji}x_{jit} + \mu_{it} \quad (i=1, 2, \cdots, N; \ t=1, 2, \cdots, T)$$

$$(4-5)$$

其中，y_{it} 为被解释变量在横截面 i 和样本 t 上的值，即土壤属性含量值；a_i 为常数项或截距项，代表第 i 个横截面（第 i 个体的影响）；b_{ji} 为第 i 个横截面上的第 j 个解释变量的模型参数；x_{jit} 为第 j 个解释变量在横截面 i 和样本 t 上的值，即土壤属性高光谱特征波段值；μ_{it} 为横截面 i 和样本 t 上的随机误差项；横截面数为 $i=1, 2, \cdots, N$；样本数为 $t=1, 2, \cdots, T$。N 表示个体横截面成员的个数，T 表示每个横截面成员的观测样本数，k 表示解释变量的个数。

然后对模型进行协方差分析检验，确定构建固定影响变系数模型，常数项 a_i 和系数向量 b_{ji} 都是依土壤属性的不同而变化，体现了土壤属性之间的差异性（见表 4-18）。

表 4-18　土壤属性的面板数据模型

系数	pH	SOM	AN	AP	AK	Fe	Cr	Cd	Zn	Cu	Pb
C						48.88					
Fix Effects (Cross)	-41.08	-38.15	26.71	15.29	240.09	-47.72	20.49	-47.92	12.12	-35.92	-103.92
441nm	1634.41	-1994.73	18156.76	-71916.15	-121855.00	-5316.22	69801.29	292.53	-13988.72	27823.73	33508.51
466nm	-654.66	30107.58	10411.03	-9027.25	-623812.60	9833.22	5408.64	432.08	-50999.28	3394.98	73117.15
467nm	602.46	-18677.28	-83247.53	44362.80	225327.40	13858.24	11689.92	-1179.47	138243.70	-51617.19	-72396.80
579nm	-933.44	-3015.32	-2198.47	27487.18	170730.30	10692.70	-24530.37	-171.73	-6455.78	4085.59	12998.72
789nm	-3524.20	24046.86	175750.40	-15113.66	372948.60	62791.06	-186529.80	-922.27	-70196.56	25078.68	116854.00
817nm	2623.59	4545.25	88116.39	29378.16	-1246363.00	-65889.94	124362.50	-698.07	121244.60	-22251.49	-63044.15
825nm	7832.66	-21604.16	249268.10	-330150.60	2037232.00	-83742.73	144262.70	-428.27	-281939.40	-187325.00	122941.40
826nm	-11166.91	24097.53	-198381.60	337185.90	-936750.80	102293.10	-344191.20	637.98	144970.80	166164.90	-88909.80
1001nm	405.95	12327.98	-65154.16	65063.44	-438032.00	16352.81	-115357.80	-183.56	48455.02	13739.72	-33690.46

系数	pH	SOM	AN	AP	AK	Fe	Cr	Cd	Zn	Cu	Pb
1005nm	153.25	−2961.08	−32981.01	10878.53	−145459.70	−9021.80	20713.00	−52.14	235.82	2709.44	12548.66
1012nm	−807.10	−1943.89	−7229.94	−3374.93	61251.74	−1520.54	12508.48	271.00	−11901.95	2615.48	6966.10
1153nm	−611.96	7562.67	102401.50	−23351.75	236275.50	5244.08	−74550.86	357.96	−42074.64	−9206.68	−2430.07
1235nm	1141.08	−24179.51	−178471.70	−37908.65	180687.40	−2163.65	21484.43	−77.38	−15773.44	−6697.62	−18762.40
1237nm	−1516.22	8948.15	157069.30	11387.21	153576.20	22651.95	−38617.68	−20.41	33692.68	−49074.48	−23604.93
1296nm	1061.09	28393.09	93366.81	9974.13	−464612.50	5090.02	29143.86	−424.21	85353.15	−4156.74	−4934.19
1299nm	2482.91	8109.30	−46434.40	36199.07	−384211.60	−6276.87	72404.66	−625.57	65325.64	65053.33	15322.03
1303nm	618.62	−2230.56	−69652.70	28858.72	−469911.70	−14452.44	31515.37	−142.97	−22451.77	61315.13	60384.34
1353nm	−306.68	1447.50	10875.58	−23474.04	3613.66	3679.18	−75991.76	−324.41	−17888.52	−27566.71	−10710.81
1383nm	−336.60	5578.15	−28098.04	31587.73	171847.60	31056.73	12989.71	165.11	68459.19	−11529.75	−6539.10
1453nm	−825.32	16280.42	−64436.11	24461.57	10392.10	49674.75	−111254.70	−953.88	90556.30	−79667.81	−89296.26
1455nm	−1130.48	−18656.95	−163036.40	48992.51	173881.10	2847.29	−24555.61	499.09	27755.18	−7717.45	−30447.10
1483nm	1666.38	−11534.73	−79348.23	−38882.83	126039.40	−15011.43	41515.98	−65.03	−64238.97	13282.65	35366.60
1502nm	1260.34	−6767.79	2092.09	−198.08	−289121.70	−5973.47	28827.93	51.53	12932.71	−13135.38	−3696.80
1562nm	1791.56	−13268.87	−37603.50	−251093.80	168137.00	−7707.92	232278.70	−297.92	−258485.40	−6053.32	176345.70
1563nm	−550.02	−7281.49	−164561.50	378466.50	−137000.20	12027.61	−448389.50	631.81	319919.60	67310.88	−232019.10
1564nm	666.63	−81.35	134488.30	−280404.80	−78891.79	−24874.11	330796.80	−215.19	−137660.70	−73829.62	80799.66
1585nm	−215.54	9610.78	34967.68	−52255.00	−230284.10	282.44	73111.58	−77.17	−47089.48	12532.62	57695.58
1598nm	−488.40	−3759.09	30284.16	9643.30	327690.60	−31682.54	66288.66	156.49	12574.27	−28370.51	−45847.51
1599nm	2180.47	−4311.31	−61197.23	−37632.35	−405750.80	9167.59	63511.04	−111.69	−43682.98	61217.70	72138.78
1605nm	−364.22	15200.04	−39401.42	69562.74	−162096.70	−212.69	−48386.05	141.12	47715.25	30711.94	17480.43
1735nm	181.53	−8242.95	−63665.59	−34338.56	234803.30	−5215.91	4740.96	172.12	22266.38	−32314.85	−34773.33
1755nm	247.49	4362.00	1466.17	8462.32	−201964.80	6883.85	−29312.45	−202.84	12614.05	8865.96	13021.20
1977nm	234.23	5855.52	−2662.85	1372.73	−54485.85	4584.48	−14577.97	−42.99	961.49	−4331.94	−3275.93
1978nm	−222.04	−7156.11	−19382.70	−1607.77	84138.13	−35.24	−1173.93	41.89	2804.19	4000.89	−3389.33
2110nm	−86.78	−2823.29	−5566.33	988.75	−3694.31	2822.70	1699.78	49.92	−6264.40	−1669.62	−789.46
2111nm	287.25	589.78	−8224.90	2456.38	−25899.67	−2373.32	−9083.60	−42.04	10992.91	3102.32	−1113.13
2219nm	−120.95	−1437.91	−15382.20	18710.93	38534.55	−263.88	5236.69	−41.57	15970.10	−5997.83	−3822.92
2220nm	287.67	2704.17	18352.87	−24905.30	−102027.50	1610.96	−9920.67	115.49	−27467.75	10221.29	13144.68

$$\overline{R}^2 = 0.9864 \quad \overline{R}_v^2 = 0.9776 \quad SSR = 17620.54$$

$$DW = 2.03 \quad F = 110.97 \quad Prob = 0$$

　　由表4-18的结果表明，回归系数显著不为0，调整后的样本决定系数达0.9776，说明模型的拟合优度较高。F统计量较大，说明回归系数显著，回归模型整体显著。

运用构建的面板数据模型对土壤 pH 值、SOM、AN、AP、AK、Fe、Cr、Cd、Zn、Cu、Pb 进行精度检验，结果如表 4-19 所示。

表 4-19　土壤属性的面板数据模型的建模与预测

	校正集		验证集		
	$\overline{R}^2$	RMSEC	$\overline{R}_v^2$	RMSEP	RPD
pH	0.87	0.07	0.797	0.11	2.13
SOM	0.93	0.65	0.82	1.12	2.31
AN	0.88	5.11	0.66	10.31	1.70
AP	0.95	1.95	0.86	2.80	2.64
AK	0.89	9.43	0.64	8.93	1.65
Fe	0.88	0.91	0.77	1.54	2.06
Cr	0.92	3.13	0.71	6.13	1.82
Cd	0.81	0.02	0.65	0.03	1.75
Zn	0.93	1.997	0.76	3.59	2.01
Cu	0.92	1.25	0.88	1.56	2.90
Pb	0.94	1.58	0.91	1.80	3.26

由表 4-19 可知，校正集的每个土壤属性都具有较高的决定系数 $\overline{R}^2$，最高为 AP（0.95），对应的均方根误差为 1.95；最低为 Cd（0.81），对应的均方根误差为 0.02，均方根误差都较低，说明面板数据模型构建的反演模型可以实现同时反演 11 种土壤属性，且具备较好的建模精度。

从验证集的预测结果可知，验证集的决定系数 $\overline{R}_v^2$ 比建模集均有所降低，均方根误差比校正集均有所降低，但相对分析误差均大于 1.4，说明面板数据模型具备预测土壤属性的能力。其中，AN、AK 和 Cd 的相对分析误差在 1.4～1.8，说明模型具备预测土壤 AN、AK 和 Cd 含量的能力；Cr 的相对分析误差在 1.8～2.0，表明面板数据模型具有定量预测 Cr 的能力；pH、SOM、Fe 和 Zn 的相对分析误差在 2.0～2.5，说明模型具有很好地定量预测 pH、SOM、Fe 和 Zn 的能力；AP、Cu 和 Pb 的相对分析误差大于 2.5，说明模型具有极好地预测 AP、Cu 和 Pb 的能力。

为了更清晰地展示面板数据固定影响变系数模型的建模精度，分别绘制实测值与面板数据模型反演的土壤属性含量图（见图4-18）以及散点图（见图4-19）。

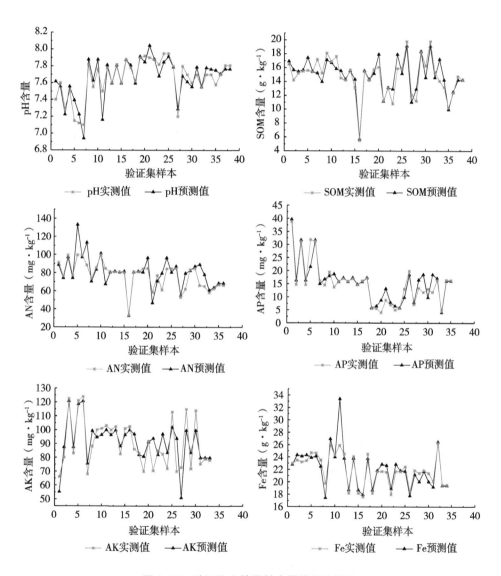

图4-18 验证集土壤属性含量的反演结果

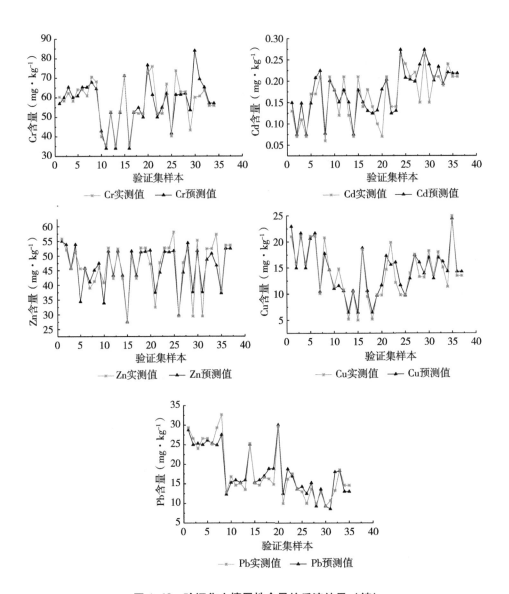

图 4-18 验证集土壤属性含量的反演结果（续）

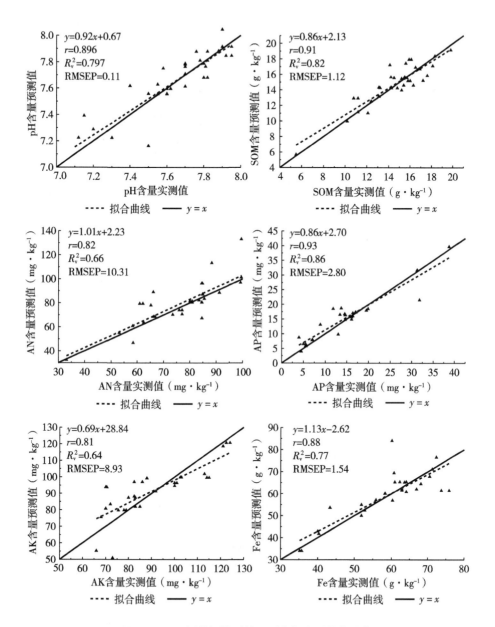

图 4-19 面板数据模型的预测值与实测值的散点

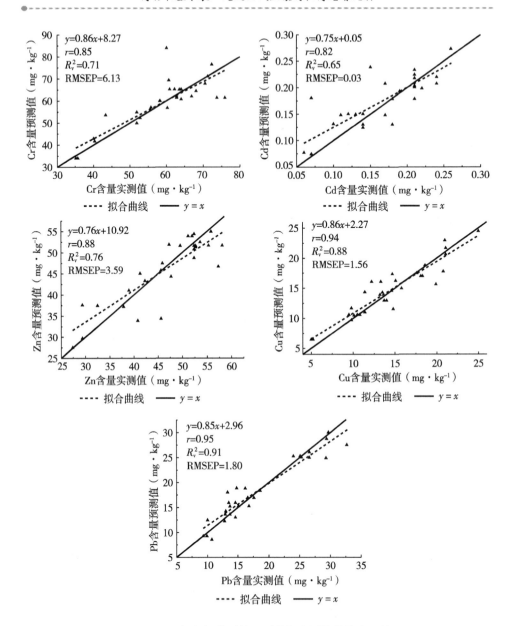

图4-19 面板数据模型的预测值与实测值的散点（续）

将图4-18和图4-19比较发现，面板数据模型反演的土壤属性含量值有少数几个样本与实测值有差异外，多数样本实测值与预测值都集中在$y=x$，即1∶1线附近。实测值与预测值之间的相关系数r均通过了$P=0.01$水平上的显著性检验，说明以 FD 光谱变换为自变量的面板数据模型具备较好的预测能力，可以用于同时反演多种土壤属性。

4.3.5　SD 光谱变换的土壤属性面板数据模型

运用选取 SD 光谱变换的共用光谱特征波段作为土壤属性反演模型的自变量，对新郑市的 116 个土壤样本的土壤属性含量的面板数据构建基于普通最小二乘估计法（OLS）的面板数据模型为：

$$y_{it} = a_i + b_{1i}x_{1it} + b_{2i}x_{2it} + \cdots + b_{ji}x_{jit} + \mu_{it} \quad (i=1, 2, \cdots, N; \ t=1, 2, \cdots, T)$$

$$(4-6)$$

其中，y_{it} 为被解释变量在横截面 i 和样本 t 上的值，即土壤属性含量值；a_i 为常数项或截距项，代表第 i 个横截面（第 i 个体的影响）；b_{ji} 为第 i 个横截面上的第 j 个解释变量的模型参数；x_{jit} 为第 j 个解释变量在横截面 i 和样本 t 上的值，即土壤属性高光谱特征波段值；μ_{it} 为横截面 i 和样本 t 上的随机误差项；横截面数为 $i=1, 2, \cdots, N$；样本数为 $t=1, 2, \cdots, T$。N 表示个体横截面成员的个数，T 表示每个横截面成员的观测样本数，k 表示解释变量的个数。

对模型进行协方差分析检验，确定构建固定影响变系数模型，常数项 a_i 和系数向量 b_{ji} 都是依土壤属性的不同而变化，体现了土壤属性之间的差异性（见表4-20）。

表 4-20　土壤属性的面板数据模型

系数	pH	SOM	AN	AP	AK	Fe	Cr	Cd	Zn	Cu	Pb
C						26.98					
Fix Effects（Cross）	−18.82	−11.90	67.92	−5.34	11.89	−12.27	14.93	−26.79	−33.27	7.91	5.74
451nm	970.76	4309.25	−49510.22	71292.73	−308567.80	−41165.42	158662.00	1235.05	−124895.80	82189.89	99400.13
453nm	2246.13	24480.45	69454.73	52160.07	−29514.02	−11135.95	112771.20	2161.06	−179156.60	173636.60	199089.00
480nm	−2660.49	45240.39	501286.30	11270.20	24105.10	−8456.95	−47432.94	−567.31	−156080.60	55614.66	72739.34
553nm	5151.14	−149807.10	−1013645.00	−326680.50	−695533.80	−114443.30	330661.30	−1533.82	−58922.28	59522.76	87059.12
591nm	808.70	2169.91	326059.00	−188336.20	−257357.50	−84415.14	−295264.50	−1607.16	−569003.90	72013.45	84737.18
697nm	−3517.45	81586.72	63079.36	−124393.70	744370.20	4465.06	366617.80	2748.07	24456.44	15565.82	88314.89
698nm	1624.56	−105098.90	−818787.50	−200418.90	−472286.50	39421.94	215006.20	−1963.77	622387.60	−273610.50	−64669.30
837nm	−3957.63	−2169.96	261801.20	123528.40	724554.10	49418.05	127214.20	−553.14	−143247.40	110859.00	50251.47
852nm	−7702.12	17808.73	82627.63	192236.20	−803637.10	10742.97	−415031.30	−3182.83	247225.60	−105638.20	−78104.87
853nm	2104.18	−141616.30	−687023.80	−262783.60	142349.20	−26598.37	38583.29	−1046.79	−228952.50	64257.54	95860.59
862nm	−6955.31	8775.33	373211.20	80654.63	2213410.00	148557.20	−311188.30	−2428.31	98341.44	−156483.90	−223208.90

续表

系数	pH	SOM	AN	AP	AK	Fe	Cr	Cd	Zn	Cu	Pb
904nm	1824.31	−17199.56	−178279.30	6943.92	−295043.00	−27728.35	−140993.80	−678.33	87129.46	−26726.70	−61797.06
952nm	−4242.45	45267.30	944637.40	115524.00	−142090.60	−5308.65	−412352.30	−75.01	−98368.51	−133151.10	−226763.50
953nm	8756.57	−131538.40	−2076547.00	−313576.30	536693.10	−14650.46	875503.40	−262.35	317823.70	100652.10	211089.00
954nm	−5753.03	122390.50	2024488.00	175511.40	−736893.00	7530.86	−877086.10	−144.93	−354160.00	−91156.71	−238243.30
955nm	4184.62	−63451.03	−1041706.00	−151639.60	−19839.69	−23091.69	368516.10	−265.77	111338.20	79314.23	128746.70
1005nm	525.54	−3542.08	−57078.53	−43848.60	10014.93	−6416.55	23457.58	−64.12	−17389.09	2833.16	16081.27
1071nm	12.48	−1172.98	9971.35	−12583.62	−4170.17	−9342.32	−34499.36	−158.15	−20158.35	8091.79	−1532.82
1082nm	−690.25	3969.83	47655.37	41466.57	−188870.20	−14051.41	−46876.35	124.01	−17578.79	13749.44	16527.39
1135nm	1577.95	−17122.65	−119597.60	−15383.45	133798.70	−8086.63	42039.76	592.75	−24384.03	36422.39	26353.54
1137nm	621.84	−6744.25	−75592.26	−36517.21	32399.64	−6754.08	28639.96	−153.66	−53631.72	14856.94	31303.23
1156nm	246.80	−5876.81	14156.61	−17437.17	−298833.20	3375.85	−113491.10	−767.89	−39926.75	22211.35	−2090.13
1222nm	2323.23	10638.83	−33923.14	18742.14	−159306.30	−38128.01	88462.41	1116.80	−72281.27	82285.33	66389.10
1224nm	3608.92	−17956.58	−245430.50	−95360.11	−38693.67	−13997.64	−24366.88	−125.92	−22981.84	53610.93	20429.66
1226nm	2210.77	29255.86	43747.24	5425.28	−185762.50	−17419.30	26518.66	811.63	−12330.24	60585.80	−18279.88
1233nm	1224.79	−45306.87	−277065.20	−3788.81	208513.50	9174.08	12069.69	−1408.64	12186.86	−1601.46	56140.75
1237nm	−1508.66	−22213.27	−83640.36	100523.40	407192.10	50747.23	95638.15	−1357.66	75495.89	−36091.55	31413.46
1239nm	−1491.96	−13856.76	−165821.00	−25254.46	−372430.70	−20148.26	760.93	58.32	−35217.48	5440.30	10820.22
1312nm	1101.55	−32242.51	−328284.70	−74740.65	208390.90	1289.13	131622.00	458.62	−33907.74	42372.70	16746.35
1419nm	−3388.57	754.70	34981.14	−121313.00	470628.60	7320.41	71548.23	566.47	58330.67	−62660.19	−18456.61
1421nm	4351.50	−8172.56	−163524.80	−42954.69	−141865.70	−56456.18	63252.79	156.43	−7693.00	30411.69	−11196.86
1475nm	1295.39	−13777.15	−186188.00	−137383.10	279430.30	33546.52	−4125.86	403.87	−78502.49	41090.90	97997.13
1503nm	2581.92	−40532.25	−365916.50	−39294.26	928446.50	29588.38	218416.30	863.19	14798.89	41734.71	18989.25
1506nm	2733.22	−3821.66	−172977.20	−152872.00	427109.60	21773.73	−68311.18	−519.17	26565.91	−25229.89	−60356.36
1546nm	−823.54	−7479.47	64567.18	−41715.99	47611.15	21919.83	−43866.65	−972.58	−12949.89	−23896.37	−45523.67
1550nm	726.70	−2941.49	14123.94	36856.64	−97711.53	8787.03	11303.89	452.51	2220.81	18647.66	−33392.56
1551nm	−3030.87	15355.22	−6925.39	99704.80	167590.70	−13076.14	−38586.92	884.08	−67971.88	8027.75	44095.33
1634nm	479.50	−11606.62	−195254.20	−116851.00	44312.26	−20341.36	118073.70	36.25	−11966.98	−32373.89	2426.31
1739nm	−1965.07	20825.15	158783.80	99544.47	−84427.06	15390.99	−53025.97	−332.31	45476.46	−33866.68	−19562.95
1920nm	1061.15	−4078.53	−87927.35	−13402.15	26401.36	3799.08	62544.70	−185.34	48833.01	−11264.15	−5262.35
2040nm	−119.94	5796.88	25013.72	−591.22	−13307.43	7795.38	−17345.30	−134.77	14214.11	−4056.89	−11604.47
2055nm	577.75	−4169.68	−65281.58	−19922.10	24309.78	−3751.22	42793.19	109.75	−3402.97	−2202.20	7972.87
2081nm	−635.29	5990.78	39942.32	27871.19	25385.46	3250.77	4565.76	151.30	10966.96	−2840.97	−10821.79
2084nm	−531.34	−1620.47	−16857.97	26593.72	18354.55	3503.54	16681.37	178.01	17497.33	−7264.65	−654.84
2181nm	214.29	−3990.32	−30760.72	5573.93	−22235.34	−3622.50	6929.41	101.34	9371.53	3354.54	−4840.14
2260nm	56.52	−3349.63	−28237.68	−5555.79	43848.15	880.93	17523.60	−37.87	6612.27	−1440.67	−261.73
2266nm	164.32	−2.40	−9759.79	−8236.34	−12839.62	−1147.10	17931.16	12.65	−1730.18	−118.08	3512.22
2305nm	189.63	−2425.29	−15618.13	−7629.04	20309.88	475.44	−504.03	−64.73	3275.26	−1003.81	−2328.48
2387nm	45.70	−680.11	−10978.44	−3603.09	4663.92	−528.35	3076.19	−4.78	1015.53	−167.26	863.54

$$\overline{R}^2 = 0.9916 \quad \overline{R}_v^2 = 0.9853 \quad SSR = 10882.51$$

$$DW = 2.11 \quad F = 156.6494 \quad Prob = 0$$

由表4-20 的结果表明，回归系数显著不为 0，调整后的样本决定系数达 0.9853，说明模型的拟合优度较高。F 统计量较大，说明回归系数显著，回归模型整体显著。

用构建的面板数据模型对土壤 pH 值、SOM、AN、AP、AK、Fe、Cr、Cd、Zn、Cu、Pb 进行精度检验，结果如表4-21 所示。

表 4-21　土壤属性的面板数据模型的建模与预测

	校正集		验证集		
	$\overline{R}^2$	RMSEC	$\overline{R}_v^2$	RMSEP	RPD
pH	0.90	0.67	0.76	0.099	2.00
SOM	0.90	0.74	0.69	1.42	1.79
AN	0.87	5.25	0.64	10.44	1.64
AP	0.95	2.07	0.93	2.14	3.68
AK	0.95	6.48	0.86	7.07	3.56
Fe	0.93	0.72	0.87	0.91	2.73
Cr	0.94	0.80	0.71	6.65	1.83
Cd	0.89	0.02	0.82	0.02	2.90
Zn	0.97	1.28	0.95	1.896	4.37
Cu	0.96	0.95	0.92	1.34	3.53
Pb	0.94	1.67	0.90	2.33	3.11

由表4-21 可知，校正集的每个土壤属性都具有较高的决定系数 $\overline{R}^2$，最高为 Zn（0.97），对应的均方根误差为 1.28；最低为 AN（0.87），对应的均方根误差为5.25，均方根误差都较低，说明面板数据模型构建的反演模型可以实现同时反演 11 种土壤属性，且具备较好的建模精度。

从验证集的预测结果可知，验证集的决定系数 $\overline{R}_v^2$ 比建模集均有所降低，除了 pH 均方根误差比校正集有所降低，其余均有所提高；相对分析误差均大于 1.4，说明面板数据模型具备预测土壤属性含量的能力。其中，SOM 和 AN 的相对分析误差在 1.4~1.8，说明模型具备预测土壤 SOM 和 AN 含量的能力；pH 和 Cr 的相对分析误差在 1.8~2.0，表明面板数据模型具有定量预测 pH 和 Cr 的能力；AP、AK、Fe、Cd、Zn、Cu 和 Pb 的相对分析误差大于 2.5，说明模型具有极好的预测 AP、AK、Fe、Cd、Zn、Cu 和 Pb 的能力。

为了更清晰地展示面板数据固定影响变系数模型的建模精度，分别绘制实测值与面板数据模型反演的土壤属性含量图（见图 4-20）以及散点图（见图 4-21）。

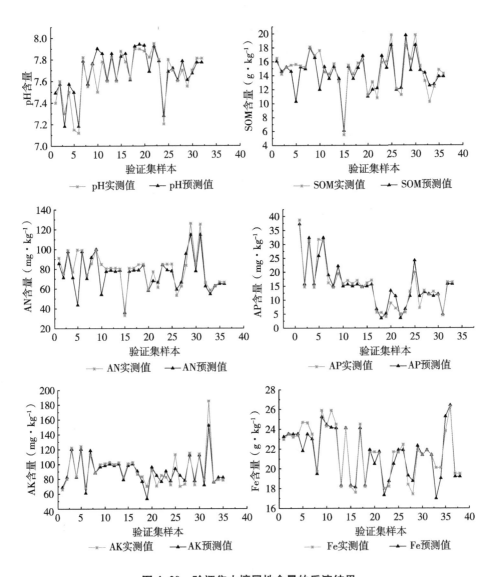

图 4-20 验证集土壤属性含量的反演结果

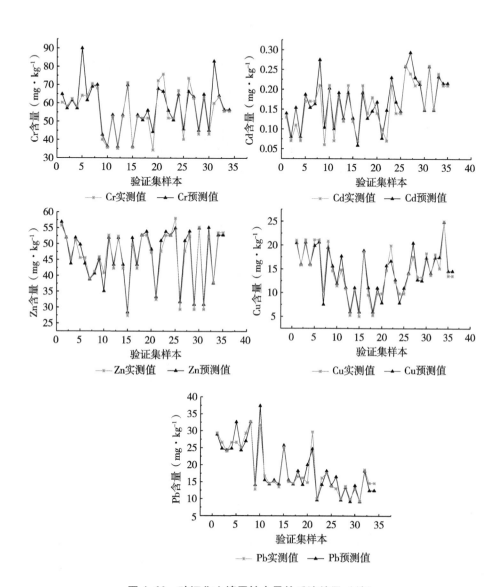

图 4-20 验证集土壤属性含量的反演结果（续）

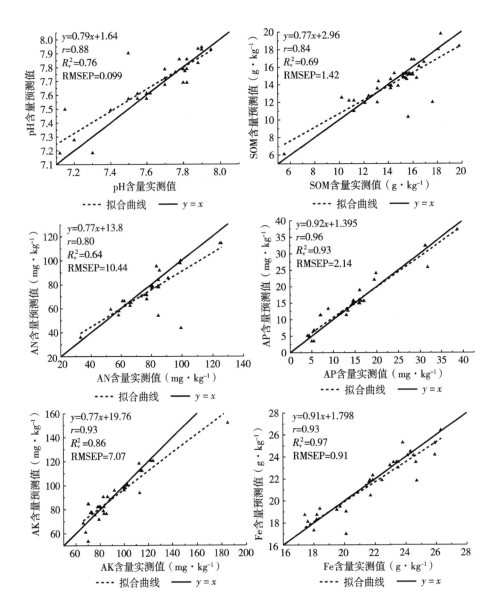

图4-21 面板数据模型的预测值与实测值的散点

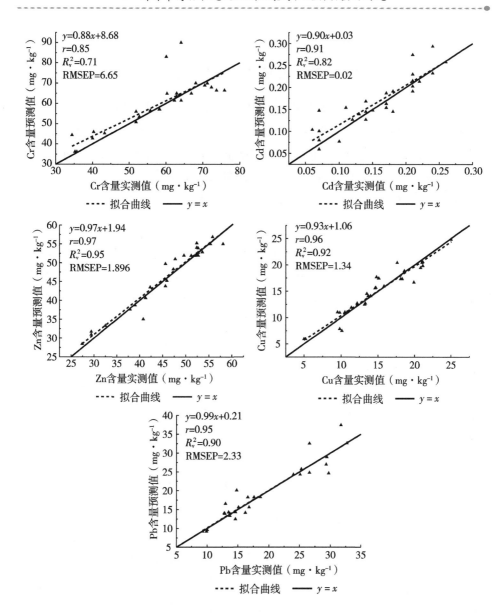

图 4-21　面板数据模型的预测值与实测值的散点（续）

　　将图 4-20 和图 4-21 比较发现，面板数据模型反演的土壤属性含量值有少数几个样本与实测值有差异外，多数样本实测值与预测值都集中在 $y=x$，即 1∶1 线附近。实测值与预测值之间的相关系数 r 均通过了 $P=0.01$ 水平上的显著性检验，说明以 SD 光谱变换为自变量的面板数据模型具备较好的预测能力，可以用于同时反演多种土壤属性。

4.3.6 CR光谱变换的土壤属性面板数据模型

运用选取 CR 光谱变换的共用光谱特征波段作为土壤属性反演模型的自变量，对新郑市的 116 个土壤样本的土壤属性含量的面板数据构建基于普通最小二乘估计法（OLS）的面板数据模型。为了降低异方差性的影响，分别对面板数据模型方程两边的变量求自然对数，得到面板数据模型为：

$$\ln y_{it}=a_i+b_{1i}\ln x_{1it}+b_{2i}\ln x_{2it}+\cdots+b_{ji}\ln x_{jit}+\mu_{it} \quad (i=1,2,\cdots,N; t=1,2,\cdots,T)$$

$$(4-7)$$

其中，y_{it} 为被解释变量在横截面 i 和样本 t 上的值，即土壤属性含量值；a_i 为常数项或截距项，代表第 i 个横截面（第 i 个体的影响）；b_{ji} 为第 i 个横截面上的第 j 个解释变量的模型参数；x_{jit} 为第 j 个解释变量在横截面 i 和样本 t 上的值，即土壤属性高光谱特征波段值；μ_{it} 为横截面 i 和样本 t 上的随机误差项；横截面数为 $i=1,2,\cdots,N$；样本数为 $t=1,2,\cdots,T$。N 表示个体横截面成员的个数，T 表示每个横截面成员的观测样本数，k 表示解释变量的个数。

对模型进行协方差分析检验，确定构建固定影响变系数模型，常数项 a_i 和系数向量 b_{ji} 都是依土壤属性的不同而变化，体现了土壤属性之间的差异性（见表4-22）。

表4-22 土壤属性的面板数据模型

系数	pH	SOM	AN	AP	AK	Fe	Cr	Cd	Zn	Cu	Pb
C						6.84					
Fix Effects（Cross）	−5.53	−6.09	0.85	19.54	9.62	−3.67	−3.53	−15.13	4.28	5.17	−5.52
405nm	33.02	153.49	−107.79	−950.01	−182.82	49.43	−104.85	345.04	−303.37	−669.61	452.59
406nm	−52.06	−294.39	174.71	1365.99	82.18	−192.23	240.56	−510.46	512.44	1006.10	−925.44
407nm	−9.73	470.04	122.84	−186.55	521.91	344.81	−194.45	301.41	−116.87	−296.99	1182.11
408nm	147.11	−1014.64	−839.27	−1961.48	−1395.50	−470.80	162.11	−166.39	−680.27	−465.11	−2102.65
409nm	−297.04	1622.78	1660.49	4376.54	2453.90	643.57	−362.05	61.41	1419.79	935.93	3447.06
410nm	304.53	−1591.74	−1727.53	−4547.27	−2468.43	−604.22	402.19	−184.22	−1453.63	−851.17	−3515.82
411nm	−221.69	342.55	1069.93	5300.93	2082.38	107.82	114.42	987.10	1749.87	864.23	1199.43
412nm	115.51	1406.37	−52.31	−6417.12	−1610.87	573.50	−862.15	−2937.10	−2233.96	−1054.23	1164.39

系数	pH	SOM	AN	AP	AK	Fe	Cr	Cd	Zn	Cu	Pb
413nm	−91.28	−2311.87	−349.44	7068.12	1789.96	−887.37	1170.32	4031.25	2503.41	1830.10	−2076.97
414nm	109.94	1871.51	110.26	−5971.28	−1425.11	875.18	−1112.39	−3435.36	−2237.72	−2069.80	1802.89
415nm	−141.18	−933.01	318.63	4420.07	672.29	−809.73	883.40	2048.06	1799.34	1234.85	−751.94
416nm	236.48	732.51	−824.70	−6222.80	−1407.90	733.01	−670.12	−489.75	−2199.77	−1352.49	447.82
417nm	−230.27	−1260.44	696.88	7490.20	1915.12	−742.82	653.92	−214.95	2373.49	1867.73	−1689.05
418nm	57.23	1634.95	128.70	−4784.94	−834.83	788.29	−614.26	−380.14	−1438.85	−1173.10	2693.22
419nm	36.04	−1205.25	−417.34	1910.23	130.04	−584.12	273.62	980.86	490.75	180.83	−1697.15
421nm	50.78	1293.33	22.74	−3842.12	−1625.98	345.70	8.75	−919.85	−980.68	−1036.70	1081.70
422nm	−81.00	−1396.19	86.20	4329.70	2088.97	−403.48	58.49	1206.03	1262.37	1460.58	−1233.87
423nm	35.27	601.64	−19.98	−1462.84	−836.49	261.34	−122.29	−732.65	−534.58	−605.55	674.91
427nm	0.65	−332.37	61.11	476.10	34.15	−304.21	242.64	320.86	219.96	104.07	−990.95
428nm	−66.93	602.87	174.01	483.18	645.61	661.20	−557.22	−1309.50	−28.98	706.19	1673.66
429nm	56.07	−1103.54	−259.09	849.27	339.82	−603.49	339.96	1548.48	292.55	−278.98	−1643.83
430nm	22.07	986.44	−136.86	−2324.94	−1916.10	151.24	188.65	−819.10	−525.43	−763.22	793.46
431nm	−15.32	−257.07	136.25	600.43	967.98	60.83	−154.98	310.56	105.02	363.16	17.32
830nm	−215.36	3698.08	1662.45	−11953.80	−6589.09	1690.79	−1747.89	−5665.86	−1234.73	−8960.59	1525.16
831nm	409.91	−2478.08	−2288.66	5675.05	3207.34	−1406.43	1432.47	6472.64	−387.16	6078.14	−664.42
1044nm	−14.74	−79.23	74.45	1174.69	343.61	25.45	83.35	125.30	311.06	284.02	−225.24
1062nm	−34.18	145.10	205.03	373.67	172.78	38.56	−213.00	−128.73	133.03	−418.89	35.02
1079nm	−22.12	−380.81	−80.90	1557.09	642.26	80.65	−7.39	−714.37	385.31	879.35	−246.60
1085nm	79.73	224.68	−262.73	−2641.23	−742.39	73.06	−33.63	−97.15	−842.88	−584.07	747.15
1087nm	−5.93	101.54	138.28	−87.20	−246.17	−181.76	156.95	397.00	130.79	−64.83	−204.14
1251nm	122.05	313.16	−540.28	−4296.39	−1959.71	−74.03	−37.67	1042.33	−1077.92	−1212.65	693.75
1267nm	−225.14	−650.78	768.55	7998.22	3819.77	460.39	−94.29	−1106.79	1669.03	3112.68	−1224.99
1308nm	−173.69	235.55	1385.11	7567.09	3774.58	258.33	−1080.48	1069.39	1326.98	707.28	−1063.33
1309nm	124.66	−118.70	−1060.30	−5078.62	−2990.52	−157.90	933.49	−510.43	−834.20	−512.58	1168.26
1410nm	−22.16	−95.93	79.85	639.98	319.59	−16.05	30.57	−287.85	198.69	276.94	−136.82
1836nm	−39.79	−80.04	171.37	1196.47	548.78	28.57	−20.32	−353.94	290.06	542.24	−172.54
1860nm	9.30	0.65	−76.29	−458.77	−174.21	12.23	50.19	162.89	−120.31	−129.44	56.13
1887nm	114.12	55.32	−855.26	−2247.20	−2034.64	−261.07	681.20	1329.56	−615.62	−1215.62	−28.71
1888nm	−184.61	−262.40	1600.62	4328.27	4116.28	330.05	−948.84	−2210.04	1178.59	2627.76	110.01

系数	pH	SOM	AN	AP	AK	Fe	Cr	Cd	Zn	Cu	Pb
1889nm	94.94	206.79	-1009.55	-2185.98	-2202.53	154.55	299.08	620.78	-575.97	-1583.18	-300.57
1890nm	-6.97	-26.46	169.99	-186.05	-91.81	-252.05	32.34	266.71	-33.89	132.59	152.84
1897nm	-1.32	68.64	18.89	-843.97	13.40	1.29	-21.73	412.53	-138.16	-142.30	91.73
1898nm	-5.83	-32.26	21.90	932.63	125.55	41.45	-38.17	-381.07	142.85	155.57	-15.16
2080nm	14.93	15.30	-46.47	-256.17	-133.43	-17.21	-5.31	185.96	-74.60	-208.16	59.42
2118nm	51.72	12.39	-316.73	-1354.11	-754.53	-163.41	294.91	691.10	-242.01	-740.97	8.75
2119nm	-24.67	-9.05	141.04	399.56	341.59	128.50	-178.56	-695.11	64.32	619.03	45.91
2137nm	3.02	-27.69	-40.57	151.77	-4.72	-13.48	-8.34	119.63	47.12	-13.47	-59.03
2149nm	-1.08	-1.61	-7.37	-19.71	-29.55	1.05	-43.72	-91.70	-32.19	-17.52	37.44
2156nm	-6.56	-0.70	51.03	144.33	161.66	19.77	-19.76	-174.00	45.95	77.73	-44.64
2184nm	14.69	-27.60	-85.33	-880.23	-497.16	-295.07	-143.05	690.23	-120.59	-959.91	-114.53
2185nm	-16.47	-5.49	131.12	1622.98	781.90	473.70	505.54	-1060.03	146.02	1953.79	160.62
2186nm	25.80	-12.20	-100.15	-1302.62	-269.90	-250.03	-589.73	66.32	-55.94	-1260.11	-299.90
2187nm	-22.49	74.27	88.74	551.82	-85.84	49.78	230.26	416.52	12.56	146.43	273.56
2198nm	-54.11	-15.18	415.74	1056.95	509.31	107.89	183.04	-858.43	352.04	652.05	-188.52
2199nm	117.41	-66.14	-983.16	-2821.29	-1116.33	-372.61	-412.84	1829.88	-840.67	-1364.11	491.79
2200nm	-65.44	246.79	758.23	1787.28	384.85	391.63	404.03	-1268.42	527.61	607.52	-241.32
2201nm	-7.19	-197.18	-159.72	210.76	358.89	-126.55	-163.44	235.19	42.77	244.80	-89.79
2324nm	12.60	2.50	-38.68	40.85	-92.19	-21.19	3.58	22.74	4.99	-9.95	22.85
2325nm	-7.81	0.72	7.17	-200.31	36.49	17.74	-6.82	-13.04	-38.34	-23.70	-6.51
2382nm	-0.30	-2.27	-7.06	19.15	-23.56	-0.05	20.66	38.74	2.14	-10.89	-12.00

$$\overline{R}^2 = 0.9996 \quad \overline{R}_v^2 = 0.9991 \quad SSR = 1.51$$

$$DW = 2.1899 \quad F = 2195.67 \quad Prob = 0$$

由表 4-22 的结果表明，回归系数显著不为 0，调整后的样本决定系数达 0.9991，说明模型的拟合优度较高；F 统计量较大，说明回归系数显著，回归模型整体显著。

运用构建的面板数据模型对土壤 pH 值、SOM、AN、AP、AK、Fe、Cr、Cd、

Zn、Cu、Pb 进行精度检验，结果如表 4-23 所示。

表 4-23 土壤属性的面板数据模型的建模与预测

	校正集		验证集		
	$\overline{R}^2$	RMSEC	$\overline{R}_v^2$	RMSEP	RPD
pH	0.95	0.05	0.92	0.06	3.56
SOM	0.98	0.31	0.97	0.47	5.68
AN	0.998	0.67	0.997	0.85	20.74
AP	0.989	0.96	0.998	0.31	24.64
AK	0.983	3.80	0.987	1.79	8.73
Fe	0.96	0.54	0.988	0.29	9.05
Cr	0.99	1.03	0.992	1.05	11.20
Cd	0.96	0.012	0.89	0.02	2.98
Zn	0.988	0.52	0.991	0.82	10.36
Cu	0.992	0.68	0.989	0.52	9.23
Pb	0.987	0.77	0.989	0.70	9.38

由表 4-23 可知，校正集的每个土壤属性都具有较高的决定系数 $\overline{R}^2$，均大于 0.95，最高为 AN（0.998），对应的均方根误差为 0.67；最低为 pH（0.95），对应的均方根误差为 0.05，均方根误差都较低，说明面板数据模型构建的反演模型可以同时实现反演 11 种土壤属性，且具备较好的建模精度。

从验证集的预测结果可知，除了 pH、SOM、AN、Cd 和 Cu 的决定系数 $\overline{R}_v^2$ 比建模集的有所降低，其余均提高；均方根误差除了 AP、AK、Fe、Cd、Cu、Pb 比校正集有所降低，其余均提高；相对分析误差均大于 2.5，说明模型具有很好的定量预测 pH、SOM、AN、AP、AK、Fe、Cr、Cd、Zn、Cu 和 Pb 的能力。

为了更清晰地展示面板数据固定影响变系数模型的建模精度，分别绘制实测值与面板数据模型反演的土壤属性含量图（见图 4-22）以及散点图（见图 4-23）。

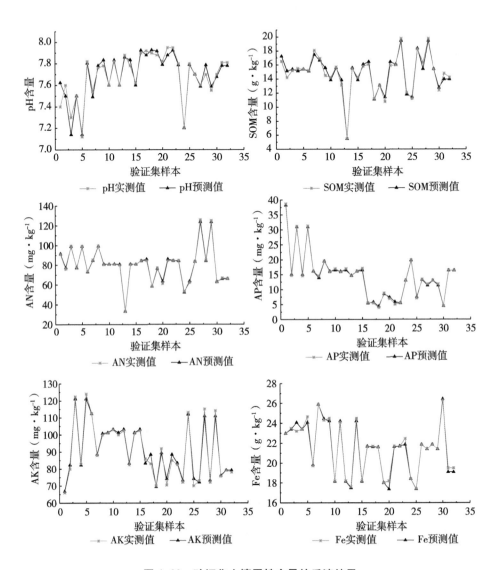

图 4-22　验证集土壤属性含量的反演结果

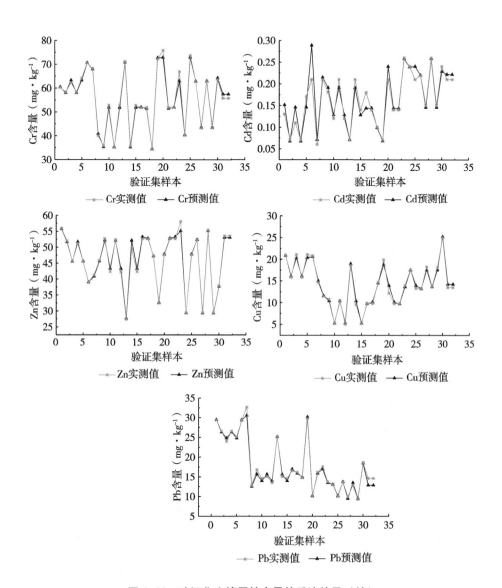

图 4-22　验证集土壤属性含量的反演结果（续）

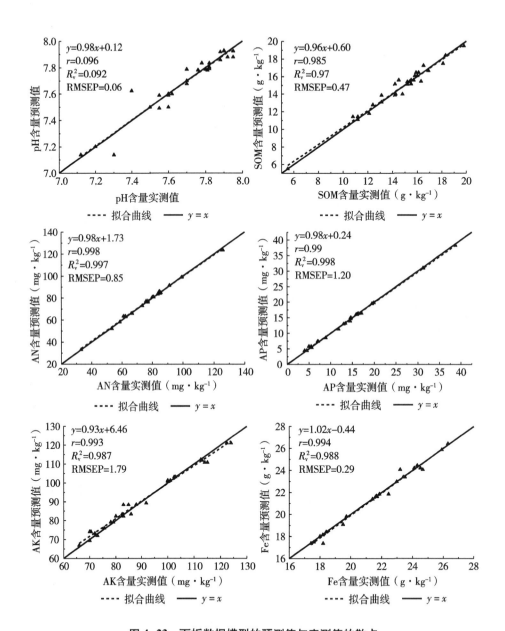

图4-23 面板数据模型的预测值与实测值的散点

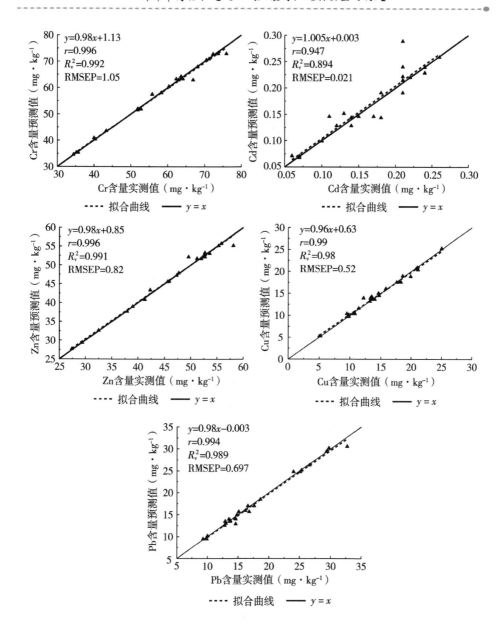

图 4-23 面板数据模型的预测值与实测值的散点（续）

将图 4-22 和图 4-23 比较发现，面板数据模型反演的土壤属性含量值有少数几个样本与实测值有差异外，多数样本实测值与预测值都集中在 $y=x$，即 1∶1 线附近。实测值与预测值之间的相关系数 r 均通过了 $P=0.01$ 水平上的显著性检验，说明以 CR 光谱变换为自变量的面板数据模型具备较好的预测能力，可以用于同时反演多种土壤属性。

4.4 模型对比分析

通过模型对比可知，土壤光谱反射率的 LOG 光谱变换、MSC 光谱变换、FD 光谱变换、SD 光谱变换和 CR 光谱变换均在不同程度上提高了不同土壤属性的反演模型的预测能力，说明通过对光谱反射率进行光谱变换能有效提高反演模型的预测能力和稳定性。

4.4.1 以 SG 光谱变换为自变量的模型

以 SG 光谱变换为自变量的偏最小二乘模型中，土壤属性的决定系数 $\overline{R}^2$ 均大于 0.80；以 SG 光谱变换为自变量的面板数据模型的决定系数 $\overline{R}^2$ 为 0.9799，土壤属性中决定系数 $\overline{R}^2$ 最高为 Fe（0.69），最低为 AP（0.33），相对分析误差在 1.4~1.8 的有 pH、AN、Cd、Zn 和 Pb，而在 1.8~2.0 的只有 Fe，在 2.0~2.5 的只有 SOM，其余土壤属性的相对分析误差均小于 1.4。

同一土壤属性不同的反演模型中，偏最小二乘模型的校正集和验证集的决定系数均较高，相对分析误差均较大，说明以 SG 光谱变换为自变量，土壤属性的偏最小二乘模型的反演精度较高。

4.4.2 以 LOG 光谱变换为自变量的模型

以 LOG 光谱变换为自变量的偏最小二乘模型中，土壤属性的决定系数 $\overline{R}^2$ 均大于 0.78；以 LOG 光谱变换为自变量的面板数据模型的决定系数 $\overline{R}^2$ 为 0.9901，土壤属性中决定系数 $\overline{R}^2$ 最高为 SOM（0.92），最低为 AP（0.64），相对分析误差均大于 1.4，在 2.0~2.5 的有 pH、AN、Cu 和 Pb，并出现大于 2.5 的土壤属性，即 SOM 和 Fe。

同一土壤属性不同的反演模型中，以偏最小二乘模型的校正集的决定系数 $\overline{R}^2$ 较高，但在验证集检验中，pH、SOM、AP、AK 和 Fe 的面板数据模型的决定系数 $\overline{R}^2$ 较高，相对分析误差较大；AN、Cr、Cd、Zn、Cu 和 Pb 的偏最小二乘模

型的决定系数 $\overline{R}_v^2$ 较高，相对分析误差较大，说明以 LOG 光谱变换为自变量，pH、SOM、AP、AK 和 Fe 的面板数据模型的反演精度较高，AN、Cr、Cd、Zn、Cu 和 Pb 的偏最小二乘模型的反演精度较高。

4.4.3　以 MSC 光谱变换为自变量的模型

以 MSC 光谱变换为自变量的偏最小二乘模型中，土壤属性的决定系数 $\overline{R}^2$ 中除了 pH 为 0.59，其余均大于 0.80；以 MSC 光谱变换为自变量的面板数据模型的决定系数 $\overline{R}^2$ 为 0.9953，土壤属性中决定系数 $\overline{R}^2$ 最高为 AN（0.97），最低为 Cd（0.80）；相对分析误差均大于 1.4，除了 Cd，其余的土壤属性均大于 1.8，相对分析误差在 1.8~2.0 的有 AK，在 2.0~2.5 的有 Cu 和 Pb，大于 2.5 的有七种土壤属性，即 pH、SOM、AN、AP、Fe、Cr 和 Zn。

以同一土壤属性不同反演模型的校正集来看，Fe、Cr、Cd、Zn 和 Pb 以偏最小二乘模型的校正集的决定系数 $\overline{R}^2$ 较高，pH、SOM、AN、AP 和 AK 是以面板数据模型的校正集的决定系数 $\overline{R}^2$ 较高；但是验证集检验中，pH、SOM、AN、AP、AK、Cr 和 Cu 的面板数据模型的决定系数 $\overline{R}_v^2$ 较高，相对分析误差较大；Fe、Cr、Cd、Zn 和 Pb 的偏最小二乘模型的决定系数 $\overline{R}_v^2$ 较高，相对分析误差较大，说明以 MSC 光谱变换为自变量，pH、SOM、AN、AP、AK、Cr 和 Cu 的面板数据模型的反演精度较高，Fe、Cr、Cd、Zn 和 Pb 的偏最小二乘模型的反演精度较高。

4.4.4　以 FD 光谱变换为自变量的模型

以 FD 光谱变换为自变量的偏最小二乘模型中，土壤属性的决定系数 $\overline{R}^2$ 均大于 0.80；以 FD 光谱变换为自变量的面板数据模型的决定系数 $\overline{R}^2$ 为 0.9776，土壤属性中决定系数 $\overline{R}^2$ 最高为 AP（0.95），最低为 Cd（0.81）；相对分析误差均大于 1.4，在 1.8~2.0 的仅有 Cr，在 2.0~2.5 的有 pH、SOM、Fe 和 Zn，大于 2.5 的有 AP、Cu 和 Pb，其余土壤属性均小于 1.8。

以同一土壤属性不同反演模型的校正集来看，pH、SOM、AN、AP、AK、Fe 和 Cd 以偏最小二乘模型的校正集的决定系数 $\overline{R}^2$ 较高，Cr、Zn、Cu 和 Pb 是以面板数据模型的校正集的决定系数 $\overline{R}^2$ 较高；但是验证集检验中，pH、SOM、AN、AP、Fe、Cd 和 Pb 的偏最小二乘模型的决定系数 $\overline{R}_v^2$ 较高，相对分析误差较大；AK、Cr、Zn 和 Cu 的面板数据模型的决定系数 $\overline{R}_v^2$ 较高，相对分析误差较大，说明以 FD 光谱变换为自变量，pH、SOM、AN、AP、Fe、Cd 和 Pb 的偏最小二乘模型的反演精度较高，AK、Cr、Zn 和 Cu 的面板数据模型的反演精度较高。

4.4.5　以 SD 光谱变换为自变量的模型

以 SD 光谱变换为自变量的偏最小二乘模型中，土壤属性的决定系数 $\overline{R}^2$ 均大于 0.80；以 SD 光谱变换为自变量的面板数据模型的决定系数 $\overline{R}^2$ 为 0.9853，土壤属性中决定系数 $\overline{R}^2$ 最高为 Zn（0.97），最低为 AN（0.87）；相对分析误差均大于 1.4，相对分析误差在 1.4~1.8 的有 SOM 和 AN，在 1.8~2.0 的有 pH 和 Cr，大于 2.5 的有八种土壤属性，即 AP、AK、Fe、Cd、Zn、Cu 和 Pb。

以同一土壤属性不同反演模型的校正集和验证集来看，pH、SOM、AN 和 Pb 以偏最小二乘模型的校正集和验证集的决定系数较高，相对分析误差较大；AP、AK、Fe、Cr、Cd、Zn 和 Cu 以面板数据模型的校正集的决定系数 $\overline{R}^2$ 较高，相对分析误差较大。

说明以 SD 光谱变换为自变量，pH、SOM、AN 和 Pb 以偏最小二乘模型的反演精度较高，AP、AK、Fe、Cr、Cd、Zn 和 Cu 以面板数据模型的反演精度较高。

4.4.6　以 CR 光谱变换为自变量的模型

以 CR 光谱变换为自变量的偏最小二乘模型中，土壤属性的决定系数 $\overline{R}^2$ 均大于 0.80；以 CR 光谱变换为自变量的面板数据模型的决定系数 $\overline{R}^2$ 为 0.9991，土壤属性中决定系数 $\overline{R}^2$ 均大于 0.95，最高为 AN（0.998），相对分析误差均大于 2.5。

以同一土壤属性不同反演模型的校正集和验证集来看，土壤属性的面板数据模型的校正集及验证集的决定系数均较高，相对分析误差较大，说明以 CR 光谱变换为自变量，土壤属性以面板数据模型的反演精度较高。

综上所述，土壤属性的偏最小二乘模型中，土壤 SOM 的最佳模型是以 FD 光谱变换为自变量的偏最小二乘模型，土壤 AN、Cd 和 Cu 的最佳模型是以 LOG 光谱变换为自变量的偏最小二乘模型为最佳模型，土壤 AK 和 Fe 的最佳模型为以 MSC 光谱变换为自变量的偏最小二乘模型，土壤 Pb 的最佳模型为以 SD 光谱变换为自变量的偏最小二乘模型。

面板数据模型的决定系数 $\overline{R}^2$ 最高为 CR 光谱变换，最低为 SG 光谱变换，其次为 FD 光谱变换和 SD 光谱变换。对于建模后的每个土壤属性，除了以 SG 光谱变换为自变量的面板数据的土壤 AP、AK、Cr、Cu 的相对分析误差小于 1.4 外，LOG、FD、SD 光谱变换面板数据模型的相对分析误差均大于 1.4，CR 光谱变换模型的土壤属性的相对分析误差均大于 2.5。从面板数据模型反演的土壤属性含量预测值与实测值对比图及散点图可以看出，多数样本实测值与预测值都集中在 $y=x$，即 1：1 线附近。实测值与预测值之间的相关系数 r 均通过了 $P=0.01$ 水平上的显著性检验，说明以五种光谱变换为自变量的面板数据模型均具备综合反演土壤属性的能力。其中，以 SG 光谱变换为自变量的面板数据模型的预测效果最差，以 CR 光谱变换为自变量的面板数据模型的预测效果最佳。

4.4.7 土壤属性的最佳模型

通过运用面板数据模型和偏最小二乘模型对新郑市高标准基本农田建设区域土壤属性进行高光谱反演建模，得到基于两种方法的不同光谱变换的最佳模型（见表 4-24）。

表 4-24 不同方法最佳模型的对比

项目	模型	光谱变换	校正集（n=116）		验证集（n=38）		
			$\overline{R}^2$	RMSEC	$\overline{R}_v^2$	RMSEP	RPD
pH	Panel	CR	0.95	0.05	0.92	0.06	3.56
	PLSR	CR	0.84	0.09	0.84	0.09	2.48
SOM	Panel	CR	0.98	0.31	0.97	0.47	5.68
	PLSR	FD	0.93	0.68	0.89	0.83	2.95
AN	Panel	CR	0.998	0.67	0.997	0.85	20.74
	PLSR	LOG	0.96	2.98	0.86	7.01	2.65
AP	Panel	CR	0.989	0.96	0.998	0.31	24.64
	PLSR	CR	0.94	2.22	0.91	2.21	3.24
AK	Panel	CR	0.983	3.80	0.987	1.79	8.73
	PLSR	MSC	0.83	8.03	0.78	11.79	2.09
Fe	Panel	CR	0.96	0.54	0.988	0.29	9.05
	PLSR	MSC	0.95	0.64	0.94	0.61	4.08
Cr	Panel	CR	0.99	1.03	0.992	1.05	11.20
	PLSR	CR	0.93	3.10	0.79	4.80	2.15

续表

项目	模型	光谱变换	校正集（n=116）		验证集（n=38）		
			$\overline{R}^2$	RMSEC	$\overline{R}_v^2$	RMSEP	RPD
Cd	Panel	CR	0.96	0.012	0.89	0.02	2.98
	PLSR	LOG	0.78	0.029	0.80	0.021	2.21
Zn	Panel	CR	0.988	0.52	0.991	0.82	10.36
	PLSR	CR	0.95	1.68	0.92	1.99	3.44
Cu	Panel	CR	0.992	0.68	0.989	0.52	9.23
	PLSR	LOG	0.91	1.43	0.89	1.57	2.97
Pb	Panal	CR	0.987	0.77	0.989	0.70	9.38
	PLSR	SD	0.96	1.36	0.94	1.67	3.92

由表 4-24 可知，采用面板数据模型的土壤属性的最佳反演模型均是以 CR 光谱变换为自变量的面板数据模型，校正集决定系数 $\overline{R}^2$ 均达到 0.95 以上，验证集系数 $\overline{R}_v^2$ 均大于 0.85，且均方根误差 RMSEC 与偏最小二乘模型相比均较低。

比较相对分析误差 RPD 可知，偏最小二乘模型中有四个土壤属性，即土壤 pH、AK、Cr 和 Cd 的相对分析误差小于 2.5，在 2.0~2.5，其他土壤属性的相对分析误差大于 2.5，具备极好的预测土壤属性的能力；面板数据模型的相对分析误差均大于 2.5，具备极好的预测土壤属性的能力。

综上所述，通过采用模糊聚类最大法获取土壤属性反演的共用特征波段，运用面板数据模型对新郑市高标准基本农田建设区域土壤属性进行综合定量反演，可知分别以 SG、LOG、MSC、FD、SD、CR 光谱变换为自变量的面板数据模型具备预测一定的能力，可以用于同时反演多种土壤属性。对于土壤属性的高光谱反演，面板数据模型和偏最小二乘模型均获得了较高的精度。面板数据模型通过一次建模综合反演多种土壤属性，计算更加简便、快速，且精度更高，能根据模型分析各个土壤属性之间的相互关系，以及高光谱特征波段对每个土壤属性的影响。

4.5　本章小结

本章是本书的核心，前面章节的研究工作都是为了土壤属性的定量反演模型的构建。本章通过采用面板数据模型和偏最小二乘法，对新郑市高标准基本农田建设区域的土壤属性构建模型，分析模型的精度，检验面板数据模型综合反演土壤属性的可行性，并与偏最小二乘法对比分析，选取新郑市高标准基本农田建设区域土壤属性定量反演的最佳模型，为下一章新郑市高标准基本农田建设区域优选提供信息支持。

5 新郑市高标准基本农田建设区域优选

5.1 新郑市高标准基本农田建设标准研究

自高标准基本农田的概念提出以来，我国陆续出台了《高标准基本农田建设标准》（TD/T 1033-2012）《高标准农田建设标准》（NY/T 2148-2012）《全国高标准农田建设总体规划》（2011—2020 年）《高标准农田建设通则》（GB/T 30600-2022）等关于高标准基本农田建设的标准体系，这些标准体系之间相互影响、相互补充，同时也存在着相互矛盾和相互重复，针对工程建设提出的标准居多。因此，本书借鉴不同部门出台的建设标准，结合《土壤环境质量标准》（GB15618-2008）土壤无机污染物的环境质量第Ⅱ级标准值农业用地标准及河南省主要元素的土壤环境背景值（邵丰收和周皓韵，1998）和河南省土壤养分级别等，总结出具有新郑市区域性、可行性的针对土壤属性的高标准基本农田建设标准。

《高标准农田建设评价规范》（GB/T 33130-2016）将建设质量分为工程质量和耕地质量，而耕地质量主要是耕地地力和土壤健康状况等自然条件。因此，本书在参考国家、地方技术标准的基础上，确定适宜新郑市高标准基本农田建设的与耕地质量相关的土壤酸碱度 pH 值，土壤有机质含量、土壤养分碱解氮、速效磷、速效钾，土壤重金属铁、铬、镉、锌、铜、铅的高标准基本农田建设标准。《高标准农田建设通则》（GB/T 30600）指出，"建成后的高标准农田的各项养分含量指标应到达并保持在当地土壤养分丰缺指标体系的中值水平左右""土壤有机质含量达到当地中值水平"；根据《高标准基本农田建设标准》（TD/T 1033-2012），"建成后的耕地质量等别达到所在县的较高等别"；根据《高标准农田建设标准》（NY/T 2148-2012），"高标准农田应实施土壤有机质提升和科学施肥等技术措施，耕作层土壤养分常规指标应达到当地中等以上水平"。《高标准农田建设评价规范》要求土壤有机质含量和土壤养分均满足 GB/T 30600-2022 的相关规定。根据高标准农田耕作层土壤有机质和酸碱度的指标要求，平原区土壤酸碱度 pH 为 7~7.5，有机质为 15~18g·kg⁻¹；山地丘陵区土壤酸碱度 pH 为 7~7.5，有机质为 12~15g·kg⁻¹；沙丘岗区土壤酸碱度 pH 为 7~8，有机质为 10~20g·kg⁻¹。结合第二次土壤普查和河南省土壤养分级别等，确定新郑市高标准基本农田建设土壤酸碱度 pH、土壤有机质含量、土壤养分标准。

《高标准农田建设标准》（NY/T 2148-2012）指出，耕作层土壤重金属含量指标应符合《土壤环境质量标准》（GB15618-2008），"影响作物生长的障碍因素应降到最低限度"。《高标准农田建设评价规范》要求土壤重金属含量应满足 GB/T30600-2022 的限值，符合 GB15618-2008 的规定。根据《土壤环境质量标准》（GB15618-2008）土壤无机污染物的环境质量第Ⅱ级标准值农业用地标准及河南省主要元素的土壤环境背景值（邵丰收和周皓韵，1998），确定新郑市高标准基本农田建设区域的土壤重金属标准。

通过对国家标准和地方标准进行研究，总结针对新郑市高标准基本农田建设区域土壤 pH、土壤有机质含量、土壤养分、土壤重金属污染的标准，构建关于土壤属性指标的适用于新郑市高标准基本农田建设标准，如表 5-1 所示。

表 5-1　新郑市高标准基本农田建设土壤属性的标准

	土壤属性	低山丘陵区	平原高效区	沙丘岗区
土壤酸碱度	pH	7~7.5	7~7.5	7~8
土壤有机质含量	有机质	12~15g·kg⁻¹	15~18g·kg⁻¹	10~20g·kg⁻¹
土壤养分	速效氮	≥90mg·kg⁻¹	≥90mg·kg⁻¹	≥90mg·kg⁻¹
	速效磷	≥10mg·kg⁻¹	≥10mg·kg⁻¹	≥10mg·kg⁻¹
	速效钾	≥100mg·kg⁻¹	≥100mg·kg⁻¹	≥100mg·kg⁻¹
土壤重金属	Fe	23.1~32.1g·kg⁻¹	23.1~32.1g·kg⁻¹	23.1~32.1g·kg⁻¹
	Cr	63.3~200mg·kg⁻¹	63.3~200mg·kg⁻¹	63.3~200mg·kg⁻¹
	Cd	0.064~0.4mg·kg⁻¹	0.064~0.4mg·kg⁻¹	0.064~0.4mg·kg⁻¹
	Zn	62.5~250mg·kg⁻¹	62.5~250mg·kg⁻¹	62.5~250mg·kg⁻¹
	Cu	20~200mg·kg⁻¹	20~200mg·kg⁻¹	20~200mg·kg⁻¹
	Pb	21.8~50mg·kg⁻¹	21.8~50mg·kg⁻¹	21.8~50mg·kg⁻¹

5.2 新郑市高标准基本农田建设区域土壤属性空间分级

根据土壤属性的高光谱最佳反演模型，分别得到研究区土壤 pH 值、有机质（SOM）、碱解氮（AN）、速效磷（AP）、速效钾（AK）、Fe、Cr、Cd、Zn、Cu、Pb 的含量，对各土壤属性进行空间分析，并根据确定的新郑市高标准基本农田建设标准确定土壤属性分级。

5.2.1 土壤 pH 值的空间分布

根据以去包络线光谱变换为自变量的面板数据模型的反演结果及本书确定的新郑市高标准基本农田建设标准，划分研究区土壤 pH 值。

结果显示，研究区土壤 pH 值较为集中，均在 7.0~8.0；根据本书确定的新郑高标准基本农田建设标准，pH 值按照 7~7.5、7.5~8.0 的标准划分，多数区域 pH 值在 7.5~8.0，只有低山丘陵区的南部以及平原高效区的南部和中部的少部分区域含量值在 7~7.5。

5.2.2 土壤有机质的空间分布

根据以去包络线光谱变换为自变量的面板数据模型的反演结果及本书确定的新郑市高标准基本农田建设标准，划分研究区土壤有机质含量。

结果显示，研究区有机质的高含量区在低山丘陵区，最大值达到 19.8g·kg^{-1}，有机质的低含量区在平原高效区，最小值为 5.38g·kg^{-1}。根据本书确定的新郑市高标准基本农田建设标准，有机质按照 0~10g·kg^{-1}、10~12g·kg^{-1}、12~15g·kg^{-1}、15~18g·kg^{-1}、大于 18g·kg^{-1} 的标准划分，其中低山丘陵区的龙湖镇部分区域在 10~12g·kg^{-1}，其余区域均在大于 12g·kg^{-1}；平原高效区薛店镇附近和新郑市区附近的土壤有机质含量低于 15g·kg^{-1}，尤其是薛店镇的土壤有机质含量最低，低于 10g·kg^{-1}。

5.2.3 土壤碱解氮的空间分布

根据以去包络线光谱变换为自变量的面板数据模型的反演结果，以及本书确定的新郑市高标准基本农田建设标准，划分土壤碱解氮含量。

结果显示，碱解氮的高含量区和低含量区均在平原高效区，最大值和最小值分别为 34.10mg·kg^{-1} 和 120.064mg·kg^{-1}。根据本书确定的新郑市高标准基本农田建设标准，土壤碱解氮按照 0~90mg·kg^{-1} 和大于 90mg·kg^{-1} 的标准划分，只有低山丘陵区的辛店镇和平原高效区城关乡、观音寺镇、梨河镇南部和沙丘岗区的孟庄镇南部等部分区域的碱解氮含量超过 90mg·kg^{-1}。

5.2.4 土壤速效磷的空间分布

根据以去包络线光谱变换为自变量的面板数据模型的反演结果及本书确定的新郑市高标准基本农田建设标准，划分土壤速效磷含量。

结果显示，速效磷高含量区均在平原高效区和低山丘陵区的南部，最大值达到 41.4138mg·kg^{-1}，低含量区在低山丘陵区北部的龙湖镇附近，最小值达到 3.7492mg·kg^{-1}。根据本书确定的新郑市高标准基本农田建设标准，土壤速效磷含量按照 0~10mg·kg^{-1} 和大于 10mg·kg^{-1} 划分，除低山丘陵区的龙湖镇和郭店镇、平原高效区的新村镇北部和沙丘岗区的龙王乡的速效磷含量低于 10mg·kg^{-1}，其余大部分区域均大于 10mg·kg^{-1}。

5.2.5 土壤速效钾的空间分布

根据以去包络线光谱变换为自变量的面板数据模型的反演结果及本书确定的新郑高标准基本农田建设标准，划分土壤速效钾含量。

结果显示，速效钾的高含量区集中在平原高效区的城关乡和低山丘陵区的龙湖镇附近，最小值在平原高效区，为 63.80mg·kg^{-1}，最大值在低山丘陵区，达到 196.86mg·kg^{-1}。根据本书确定的新郑市高标准基本农田建设标准，土壤速效钾的含量按照 0~100mg·kg^{-1} 和大于 100mg·kg^{-1} 标准划分，低山丘陵区的辛店镇和龙湖镇南部、平原高效区的城关乡和新村镇南部以及梨河镇南部、沙丘岗区的孟庄镇南部和八千乡的北部等区域的土壤速效钾含量高于 100mg·kg^{-1}，其余区域均低于 100mg·kg^{-1}。

5.2.6 土壤 Fe 的空间分布

根据以去包络线光谱变换为自变量的面板数据模型的反演结果，并根据本书确定的新郑市高标准基本农田建设标准，划分土壤 Fe 含量。

结果显示，Fe 的高含量区主要分布在低山丘陵区和平原高效区的南部，最大值在平原高效区，为 27.08g·kg^{-1}，最小值在沙丘岗区，为 17.21g·kg^{-1}。根据本书确定的新郑市高标准基本农田建设标准，土壤 Fe 含量按照 0~23.1g·kg^{-1}、23.1~32.1g·kg^{-1} 的标准划分，低山丘陵区的全部、平原高效区的观音寺镇和梨河镇的部分区域的 Fe 含量超过了 23.1g·kg^{-1}，但未超过 32.1g·kg^{-1}。

5.2.7　土壤 Cr 的空间分布

根据以去包络线光谱变换为自变量的面板数据模型的反演结果，以及本书确定的新郑市高标准基本农田建设标准，划分土壤 Cr 含量。

结果显示，Cr 的最小值和最大值均在平原高效区，为 33.46mg·kg^{-1} 和 80.09mg·kg^{-1}。根据本书确定的新郑市高标准基本农田建设标准，土壤 Cr 含量按照 0~63.3mg·kg^{-1}、63.3~200mg·kg^{-1} 的标准划分，其中低山丘陵区的龙湖镇北部和辛店镇中部、平原高效区的观音寺镇中部和郭店镇中部以及沙丘岗区的龙王乡、八千乡东部区域的 Cr 含量较高，超过了 63.3mg·kg^{-1}，符合土壤环境质量Ⅱ类标准，但是超过了土壤背景值。

5.2.8　土壤 Cd 的空间分布

根据以去包络线光谱变换为自变量的面板数据模型的反演结果，以及本书确定的新郑市高标准基本农田建设标准，划分土壤 Cd 含量。

结果显示，Cd 的分布在三个类型区比较平均，每个类型区均出现高含量和低含量，最大值在沙丘岗区，达到了 0.2837mg·kg^{-1}。根据本书确定的新郑市高标准基本农田建设标准，土壤 Cd 含量按照 0~0.064mg·kg^{-1}、0.064~0.4mg·kg^{-1} 标准划分，三个类型区的 Cd 均超过了 0.064mg·kg^{-1}，符合土壤环境质量Ⅱ类标准，但是超过了土壤背景值。

5.2.9　土壤 Zn 的空间分布

根据以去包络线光谱变换为自变量的面板数据模型的反演结果，以及本书确定的新郑市高标准基本农田建设标准，划分土壤 Zn 含量。

结果显示，Zn 的最小值和最大值均在平原高效区，为 26.998mg·kg^{-1} 和 58.998mg·kg^{-1}。根据本书确定的新郑市高标准基本农田建设标准，土壤 Zn 含量按照 0~62.5mg·kg^{-1}、62.5~250mg·kg^{-1} 标准划分，整个研究区的土壤重金属 Zn 含量均符合土壤环境质量Ⅱ类标准，且均低于土壤背景值，符合高标准基本农田建设标准。

5.2.10 土壤 Cu 的空间分布

根据以去包络线光谱变换为自变量的面板数据模型的反演结果，以及本书确定的新郑市高标准基本农田建设标准，划分土壤 Cu 含量。

结果显示，Cu 的低含量区在平原高效区，最小值为 $5.02mg \cdot kg^{-1}$，高含量区在低山丘陵区，最大值达到 $25.9778mg \cdot kg^{-1}$。根据本书确定的新郑市高标准基本农田建设标准，土壤 Cu 含量按照 $0 \sim 20mg \cdot kg^{-1}$、$20 \sim 200mg \cdot kg^{-1}$ 标准划分，只有低山丘陵区的辛店镇南部、龙湖镇西北部和平原高效区的观音寺镇南部的土壤 Cu 含量高于 $20mg \cdot kg^{-1}$，符合土壤环境质量 II 类标准，但是超过了土壤背景值。

5.2.11 土壤 Pb 的空间分布

根据以去包络线光谱变换为自变量的面板数据模型的反演结果及本书确定的新郑市高标准基本农田建设标准，划分土壤 Pb 含量。

结果显示，Pb 的最小值在沙丘岗区，为 $9.11mg \cdot kg^{-1}$，高含量区在低山丘陵区，最大值达到 $31.2929mg \cdot kg^{-1}$。根据本书确定的新郑市高标准基本农田建设标准，土壤 Pb 含量按照 $0 \sim 21.8mg \cdot kg^{-1}$、$21.8 \sim 50mg \cdot kg^{-1}$ 标准划分，三个类型区的南部即薛店镇和龙王乡等区域的土壤 Pb 超过了 $21.8mg \cdot kg^{-1}$，符合土壤环境质量 II 类标准，但是超过了土壤背景值。由此可知，通过高光谱反演的土壤属性的最大值和最小值与实测值均比较接近，可以用于土壤属性的空间插值，呈现土壤属性空间分布格局；其中土壤重金属 Fe、Cr、Cd、Cu、Pb 均有区域超过了土壤背景值，应加强监测和防范。

5.3 土壤属性的综合评价模型

采用模糊数学方法，构建高标准基本农田建设区域的土壤属性综合评价模型。

5.3.1 构建土壤属性的隶属函数

采用模糊数学方法（王建国，2001）对高标准基本农田建设区域进行综合评价，获得科学的评价结果，作为划分高标准基本农田建设区域的依据。

第一，根据模糊线性隶属函数，首先建立各土壤属性的隶属函数，计算隶属度值 $f(x)$。

升半梯形分布的隶属函数，正向型指标，与作物产量成"S"型曲线关系，在此范围内即符合高标准基本农田建设区域土壤属性的要求，而低于或高于此范围对作物生产影响很小。隶属函数解析式为：

$$f(x)=\begin{cases} 0.1 & x<a \\ \dfrac{(x-a)}{(b-a)} & a\leqslant x<b \\ 1.0 & x\geqslant b \end{cases} \tag{5-1}$$

降半梯形分布的隶属函数，负向型指标，与作物产量成"S"型曲线关系，在此范围内即符合高标准基本农田建设区域土壤属性的要求，而低于或高于此范围对作物生产影响很小。隶属函数解析式为：

$$f(x)=\begin{cases} 1.0 & x\leqslant b \\ \dfrac{(b-x)}{(b-a)} & a<x<b \\ 0.1 & x\geqslant a \end{cases} \tag{5-2}$$

由于梯形分布可分解为升半梯形分布和降半梯形分布，所以梯形分布的隶属函数可由升半梯形分布的隶属函数和降半梯形分布的隶属函数组合，梯形分布的隶属函数可表示为：

$$f(x)=\begin{cases} 1 & b_2\geqslant x\geqslant b_1 \\ \dfrac{x-a_1}{b_1-a_1} & a_1<x<b_1 \\ \dfrac{x-a_2}{b_2-a_2} & a_2<x<b_2 \\ 0 & x\leqslant a_1 \text{ 或 } x\geqslant a_2 \end{cases} \tag{5-3}$$

根据上述隶属函数确定隶度值，隶属度值范围 0~1。上述各式中，$f(x)$ 为评价因素指标值的隶属函数；x 为评价因素指标值；a、b、a_1、b_1 分别为评价因素的临界值。

第二，根据每种土壤属性的特点，将每个土壤属性的评价模型建立如下：

土壤适度型指标评价模型为：

$$f(x)=\begin{cases} 1 & b_2 \geqslant x \geqslant b_1 \\ \dfrac{x-a_1}{b_1-a_1} & a_1 < x < b_1 \\ \dfrac{x-a_2}{b_2-a_2} & a_2 < x < b_2 \\ 0 & x \leqslant a_1 \ 或 \ x \geqslant a_2 \end{cases} \tag{5-4}$$

其中，a_1、a_2 为土壤属性不适宜的临界值；b_1、b_2 为土壤属性最适宜的端点值。

土壤正向型指标的评价模型为：

$$f(x)=\begin{cases} 1 & x \geqslant a \\ \dfrac{x}{a} & x < a \end{cases} \tag{5-5}$$

其中，a 为土壤属性的临界值。

土壤逆向型指标的评价模型为：

$$f(x)=\begin{cases} 1.0 & x \leqslant a \\ \dfrac{(b-x)}{(b-a)} & a < x < b \\ 0 & x \geqslant b \end{cases} \tag{5-6}$$

其中，a、b 为土壤属性的临界值。

根据隶属度值可知，pH、AN、AP、AK 属于正向型指标，适用升半梯形分布的隶属函数，采用正向型指标评价模型；Fe、Cr、Cd、Zn、Cu、Pb 属于负向型指标，适用降半梯形分布的隶属函数，采用逆向性指标评价模型。

根据本书确定的新郑市高标准基本农田建设标准，确定土壤属性的临界值（见表5-2）。

表 5-2　土壤属性临界值

类型区	pH	SOM (g·kg)	AN (mg·kg)	AP (mg·kg)	AK (mg·kg)	Fe (g·kg)	Cr (mg·kg)	Cd (mg·kg)	Zn (mg·kg)	Cu (mg·kg)	Pb (mg·kg)
低山丘陵区	7~7.5	12~15	90	10	100	23.1~32.1	63.3~200	0.064~0.4	62.5~250	20~200	21.8~50
平原高效区	7~7.5	15~18	90	10	100	23.1~32.1	63.3~200	0.064~0.4	62.5~250	20~200	21.8~50
沙丘岗区	7~8	10~20	90	10	100	23.1~32.1	63.3~200	0.064~0.4	62.5~250	20~200	21.8~50

5.3.2 土壤属性综合评价模型构建

土壤质量指数反映新郑市高标准基本农田建设区域的土壤养分状况、生态污染状况等相关土壤质量状况，是进行新郑市高标准基本农田建设区域优选的依据。土壤属性综合指标值的计算采用模糊数学的加权求和法，即根据各土壤属性的隶属度值和权重计算，公式为：

$$P = \sum f_i \times w_i \qquad\qquad (5\text{-}7)$$

其中，P 表示土壤质量指数；f_i 表示第 i 参评指标的隶属度值，其大小体现各土壤属性在新郑市高标准基本农田建设区域的划分中的优劣；w_i 表示第 i 参评指标的权重，其大小体现各土壤属性的重要性。由于在新郑市高标准基本农田建设区域的划分中各土壤属性的重要性是不同的，需要通过土壤属性的实际贡献率的大小来确定其在分区中的权重。主成分分析法把人的主观判断用数量方式表达和处理，实现了定性分析与定量分析相结合，可以通过评价模型确定权重。因此，采用主成分分析法来确定权重。通过主成分分析得到各土壤属性的公因子方差，计算各土壤属性的权重（见表 5-3）。

表 5-3　土壤属性的权重

土壤属性	pH	SOM	AN	AP	AK	Fe	Cr	Cd	Zn	Cu	Pb
公因子方差	0.72	0.91	0.78	0.59	0.83	0.79	0.59	0.88	0.64	0.77	0.86
权重	0.09	0.11	0.09	0.07	0.10	0.09	0.07	0.10	0.08	0.09	0.10

5.4 新郑市高标准基本农田建设区域分区

根据新郑市高标准基本农田建设区域土壤属性综合评价模型，得到研究区土壤属性反演值和实测值的土壤质量空间分布。

对比结果显示，反演值和实测值土壤属性综合指标值的范围基本相同，反演值的综合指标值在 0.7767~0.9471，实测值的综合指标值在 0.7782~0.9674。

从整体区域来看，研究区土壤质量呈现南高北低，接近城区和航空港区的土壤质量较低，最低值出现在低山丘陵区的龙湖镇和辛店镇的中部，以及薛店镇、和庄镇和龙王乡的交界区域，土壤质量明显低于其他区域。因此，应该加强土壤污染监测，合理实施土配方施肥技术，减少农药化肥地膜对土壤的污染，保证土壤生态安全，提高土壤质量。

根据研究区土壤质量评价结果，将新郑市高标准基本农田建设区域划分为三个等级：Ⅰ级区域、Ⅱ级区域、Ⅲ级区域。Ⅰ级区域为优先建设区，基本具备新郑市高标准基本农田建设要求，Ⅱ级区域为有条件建设区，即稍加整治可达到新郑市高标准基本农田建设要求，Ⅲ级区域为限制建设区，未达到新郑市高标准基本农田建设要求，需要全面整治。

根据最佳反演模型的反演值计算的土壤质量评价结果可知：Ⅰ级区域面积为16235.6036hm²，占基本农田面积的43.88%，Ⅱ级区域面积为15205.5349hm²，占基本农田面积的41.09%，Ⅲ级区域面积为5560.3462hm²，占基本农田面积的15.03%；根据实测值计算的土壤质量评价结果可知：Ⅰ级区域面积为13137.8049hm²，占基本农田面积的35.51%，Ⅱ级区域面积为17657.9589hm²，占基本农田面积的47.72%，Ⅲ级区域面积为17657.9589hm²，占基本农田面积的16.77%。从主要乡镇分布来看，反演值和实测值划分的每个等级区域分布的主要乡镇区域基本相同，除城关乡在反演值分区中的Ⅱ级区域面积较少，其余分布区域面积基本相同。

根据新郑市高标准基本农田建设区域土壤质量的整体分布及分区结果分析可知，借助高光谱遥感反演技术，构建的高光谱反演模型，能够较好地反演新郑市高标准基本农田建设区域的土壤属性信息，且可以应用于新郑市高标准基本农田建设区域优选。

根据土壤属性的高光谱最佳反演模型，并采用土壤属性综合评价模型对新郑市高标准基本农田建设区域进行分区（见表5-4），分区结果如下：

表5-4　新郑市高标准基本农田建设区域面积分布

等级	类型区	主要乡镇分布	面积（hm²）	比例（%）	等级区域面积（hm²）	比例（%）
Ⅰ级区域	低山丘陵区	辛店镇、郭店镇	4479.6599	27.59	16235.6036	43.88
	平原高效区	观音寺镇、梨河镇、新村镇	6858.6884	42.24		
	沙丘岗区	孟庄镇、八千乡、龙王乡	4788.4274	29.49		

等级	类型区	主要乡镇分布	面积 （hm²）	比例 （%）	等级区域面积 （hm²）	比例 （%）
Ⅱ级 区域	低山丘陵区	郭店镇、辛店镇	4388.5482	28.86	15205.5349	41.09
	平原高效区	城关乡、观音寺镇、新村镇、薛店镇	8739.1332	57.47		
	沙丘岗区	孟庄镇、八千乡、龙王乡	2115.8168	13.91		
Ⅲ级 区域	低山丘陵区	辛店镇、龙湖镇	4849.1686	87.21	5560.3462	15.03
	平原高效区	城关乡、薛店镇、和庄镇	607.4115	10.92		
	沙丘岗区	龙王乡	93.6426	1.68		

（1）Ⅰ级区域

Ⅰ级区域的面积为 16235.6036hm²，占基本农田面积的 43.88%，主要分布在低山丘陵区的辛店镇、郭店镇，占Ⅰ级区域面积的 27.59%；平原高效区的观音寺镇南部、梨河镇、新村镇，占Ⅰ级区域面积的 42.24%；沙丘岗区的孟庄镇北部、八千乡南部、龙王乡的部分区域，占Ⅰ级区域面积的 29.49%。

Ⅰ级区域的土壤质量达到了高标准基本农田建设的要求，可以作为高标准基本农田建设的优先建设区，该区域土壤自然资源禀赋；三个类型区的土壤 SOM 和 AP 均达到了高标准基本农田建设区域优选的临界值；该区域的 AN 含量只有低山丘陵区的辛店镇和平原高效区的观音寺镇达到了高标准基本农田建设区域优选的临界值；该区域 AK 含量只有低山丘陵区的辛店镇、平原高效区的新村镇达到了高标准基本农田建设区域优选的临界值；该区域低山丘陵区的辛店镇和平原高效区的新村镇的 Fe 含量超过了高标准基本农田建设区域优选的临界值；该区域低山丘陵区的辛店镇和沙丘岗区的八千乡、龙王乡的 Cr 含量超过了高标准基本农田建设区域优选的临界值；该区域的 Cd 含量均超过了高标准基本农田建设区域优选的临界；该区域的 Zn 含量均低于高标准基本农田建设区域优选的临界值；该区域低山丘陵区的辛店镇和平原高效区的观音寺镇的 Cu 含量超过了高标准基本农田建设区域优选的临界值；该区域低山丘陵区的辛店镇、平原高效区的观音寺镇和梨河镇以及沙丘岗区的八千乡的 Pb 含量超过了高标准基本农田建设区域优选的临界值。

因此，制约该区域低山丘陵区的辛店镇的因素的是 Fe、Cr、Cd、Cu 和 Pb；制约该区域平原高效区的新村镇的因素是 pH、AN、Fe 和 Cd；制约该区域平原高效区的观音寺镇和梨河镇的因素是 AN、Cu、Cd 和 Pb；制约该区域沙丘岗区的八千乡、龙王乡的因素是 AN、AK、Cr、Cd 和 Pb。因此，应降低土壤 pH 值，加强土壤培肥，提高 AN 和 AK 的含量。

由于该区域较高的土壤 Fe、Cr、Cd、Cu 和 Pb 含量值，易造成该区域的土壤污染，而土壤重金属的累积主要来源于废气、不合理施肥及废水灌溉等不合理的人为活动，重金属污染物在土壤中迁移慢、不易随水淋滤、难以降解、难可逆，因此，应加强对土壤污染的预防，实时监测该区域的土壤生态状况，大力推广科学施肥，控制土壤污染输入，避免高标准基本农田建设过程的二次污染，保障高标准基本农田建设，促进高标准基本农田建设持续利用。

（2）Ⅱ级区域

Ⅱ级区域的面积为 15205.5349hm²，占基本农田面积的 41.09%，主要分布在低山丘陵区的郭店镇和辛店镇，占Ⅱ级区域面积的 28.86%；平原高效区的城关乡、观音寺镇中部、新村镇和薛店镇，占Ⅱ级区域面积的 57.47%；沙丘岗区的八千乡北部和龙王乡、孟庄镇南部等区域，占Ⅱ级区域面积的 13.91%。

Ⅱ级区域的部分土壤属性达到了高标准基本农田建设的要求，即通过稍加整治可达到新郑市高标准基本农田建设要求。其中，该区域平原高效区和低山丘陵区的土壤 pH 值高于高标准基本农田建设区域优选的临界值 7.5；该区域平原高效区的观音寺镇在靠近新郑市区的区域和靠近薛店镇的区域的 SOM 低于高标准基本农田建设区域优选的临界值 15g·kg⁻¹；该区域除了平原高效区的城关乡的 AN 含量均低于高标准基本农田建设区域优选的临界值；该区域的 AP 含量均高于高标准基本农田建设区域优选的临界值；该区域的低山丘陵区的郭店镇、平原高效区的观音寺镇和沙丘岗区的孟庄镇的 AK 含量低于高标准基本农田建设区域优选的临界值；该区域低山丘陵区的城关乡、辛店镇和平原高效区的观音寺镇的 Fe、Cr、Pb 含量超过了高标准基本农田建设区域优选的临界值；该区域的 Cd 含量均超过高标准基本农田建设区域优选的临界值；该区域的 Cu、Zn 含量均低于标准基本农田建设区域优选的临界值。

因此，制约该区域的主要因素为土壤 pH 值、AK、Fe、Cr、Cd、Pb 含量。应大力推广使用农家肥、绿肥等，合理实施化肥，降低土壤酸碱度，提高速碱解氮和速效钾的含量。由于该区域较高的土壤 Fe、Cr、Cd 和 Pb 含量值，主要来自低山丘陵区的城关乡、辛店镇和平原高效区的观音寺镇的交界处，靠近辛店镇城区和新郑市市区，主要是由市区范围的不断扩展以及城镇的快速发展引起的。

综上所述，该区域不仅需要进一步提高土壤质量，改善土壤现状，采用必要的措施控制土壤污染，还需要在保证城镇快速发展的同时避免对土壤的再次污染。

（3）Ⅲ级区域

Ⅲ级区域的面积为5560.3462hm^2，占基本农田面积的15.03%，主要分布在低山丘陵区的辛店镇、龙湖镇，占Ⅲ级区域面积的87.21%；平原高效区的城关乡、薛店镇、和庄镇，占Ⅲ级区域面积的10.92%；沙丘岗区的龙王乡，占Ⅲ级区域面积的1.68%。

Ⅲ级区域的土壤属性除了Cu、Zn含量达到了高标准基本农田建设的要求，其余土壤属性均不符合高标准基本农田建设的要求，需要进行全面整治。由于该区域分布在交通沿线、城镇，且地块比较零碎，因此该区域不适宜进行高标准基本农田的建设。

综上所述，通过对新郑市高标准基本农田建设区域土壤属性的综合评价，确定了新郑市高标准基本农田建设的Ⅰ级区域、Ⅱ级区域和Ⅲ级区域，并对高标准基本农田建设区域优选及限制因素条件的整治提供指导。

5.5　对策建议

目前，在高标准基本农田建设过程中，主要集中在农田基础设施建设，包括土地平整、灌溉与排水工程、农田水利设施、田间道路等，但土地的核心是土壤，是农作物生长的关键。因此，除了基础设施的完善，还要关注土壤质量的提升。由于土壤改良和污染修复是一个相当缓慢的过程，在高标准基本农田建设中，应大力推广科学施肥，修复污染土壤，通过农田基础设施建设提高土壤质量，真正实现高标准基本农田的高产出、高效益。

（1）推广科学施肥

科学施肥的核心问题是用最少的肥料，获得最高的产量，最大限度地提高肥料的利用率，全面推广测土配方施肥、农药精准高效施用，氮磷钾平衡施肥，改善作物营养，提高土壤肥力，提高作物产量和质量，减少水土污染。

实施深翻种植，鼓励农民秸秆还田，大力推广秸秆粉碎还田腐熟技术，种植绿肥，适量使用化肥，增施有机肥，实现氮磷钾三种元素的比例均衡，推广低残留、低毒、高效的有机磷和菊酯类农药，防止有毒、有害物质渗入基本农田，减少化肥、地膜、除草剂等在农田的残留数量及残留时间；通过施用生石灰或土壤调理剂等措施，使土壤酸碱度达到正常水平。

（2）修复土壤污染

修复土壤污染指为保障土地利用活动安全、保持和改善土壤生态条件、防止与减少污染和自然灾害等采取各种措施。除了工业"三废"等对土壤引起重金属污染外，肥料中重金属元素也是重金属的染源。尤其是磷肥含有多种有害重金属，施入农田中的磷肥将这些有害物质带入土壤环境中，对作物产生毒害的同时，通过食物链对人畜产生危害。

在减少工业污染的同时，还要开展农业面源污染综合防治；尽量切断污水、固体废弃物、化肥、农药及空气降尘等污染源，在建设灌溉与排水工程以及农田水利设施的同时配套相应的垃圾、污水处理设施，控制污水排放，减少当地居民生产、生活带来的固体废弃物，以及生活垃圾和污水等污染物带来的压力；通过施用土壤调理剂、生物制剂等农艺和生物措施减轻土壤污染，净化已经被污染的土壤或减轻土壤中污染物的毒性。

综上所述，在高标准农田建设过程中，应完善基本农田区域内排水灌溉基础设施、改良土壤肥力、切断土壤污染源、减少污染、提高基本农田质量、提高单位面积的耕地生产能力、稳定提高粮食单产，并加强实时监测，建立质量监测体系，为改良和保护高标准基本农田提供科学依据。

5.6　本章小结

本章提出了适宜新郑市高标准基本农田建设土壤属性的建议标准，运用构建的土壤属性的最佳反演模型，根据反演值和实测值构建模糊隶属函数和主成分分析法的土壤属性综合评价模型，新郑市高标准基本农田建设区域划分为Ⅰ级区域、Ⅱ级区域、Ⅲ级区域，对比实测值分区结果验证了高光谱反演模型可以用于新郑市高标准基本农田建设区域优选，针对优选结果中制约三个区域的因素提出对策建议。

6 研究结论、创新点和未来展望

6.1 研究结论

高标准基本农田建设要求在建设田间工程的同时，土壤质量等别要达到所在区域的较高等别。因此，土壤基础信息的快速获取和实时监测，是高标准农田建设的前提和基础。高光谱遥感技术的波段多、分辨率高、光谱信息量大，可以用来提供土壤表面状况及其性质的空间信息，亦可用来评价探测土壤性质的细微差异，为实现快速、准确、高效地获取土壤基础信息提供了条件。在高标准基本农田建设中，除了要强调对土地平整，道路、沟渠与其他工程配套设施的提高，还应加强对土壤属性的高光谱遥感监测。土壤属性是保障高标准基本农田建设区域粮食高产稳产、生态良好的基础。因此，有必要对高标准基本农田建设区域的土壤属性信息开展快速、无损检测，进而为土壤属性的快速获取和实时监测提供技术保障，为新郑市高标准基本农田建设区域优选提供支持。

本书以高光谱遥感为技术支持，以土壤属性信息的获取为基础，基于面板数据模型和偏最小二乘法，构建新郑市高标准基本农田建设区域高光谱综合反演模型和单指标反演模型，并对模型的精度进行检验，确定最佳反演模型；提出适宜新郑市高标准基本农田建设的建议标准，构建模糊数学与地统计插值土壤属性综合评价模型，进行新郑市高标准基本农田建设区域优选，从而为高标准基本农田建设提供信息支撑。主要得到以下结论：

第一，通过对光谱反射率的去阶跃处理，消除在1000nm和1800nm处仪器不同探测元件对光谱数据的影响，使光谱反射率曲线变得平滑，SG卷积平滑在有效去除噪声的同时较好地保存了光谱曲线的总体特征，提高信噪比。光谱变换方式对于提取特征波段和提高模型的预测能力和稳定性是极为重要的，通过光谱变换即多元散射校正（MSC）、倒数对数（LOG）、一阶微分（FD）、二阶微分（SD）和去包络线（CR）等方法，有效地突出光谱曲线的吸收和反射特征，提高光谱的灵敏性，增强了光谱有用信息。

第二，通过对土壤属性与光谱变换的相关性分析，筛选 $P = 0.01$ 水平上的显著性检验的波段作为高光谱特征波段，用于不同土壤属性的逐个反演；在选取显著型波段的基础上，对比分析新郑市高标准基本农田建设区域的每个土壤属性与六种光谱变换的相关系数曲线，利用模糊聚类最大树法，结合土壤属性与光谱反射率的相关系数曲线的相似拐点，选取不同土壤属性共用显著性波段作为最佳高光谱特征波段。

第三，基于面板数据模型，以六种光谱变换的共用光谱特征波段作为自变量，构建新郑市高标准基本农田建设区域土壤属性的综合反演模型。根据模型的决定系数 $\overline{R}^2$、均方根误差、相对分析误差等参数，确定了以 CR 光谱变换为自变量的面板数据模型为最佳模型。11 个土壤属性的决定系数 $\overline{R}^2$ 均大于 0.95，且均方根均较小；从相对分析误差来看，六个光谱变换模型中除 SG 光谱变换模型的土壤 AP、AK、Cr、Cu 的相对分析误差小于 1.4 外，LOG、FD、SD 光谱变换面板模型的相对分析误差均大于 1.4，而 CR 光谱变换模型的土壤属性的相对分析误差均大于 2.5，且多数样本实测值与预测值都集中在 1∶1 线附近，相关系数 r 均通过了 $P = 0.01$ 水平上的显著性检验，说明以六种光谱变换为自变量的面板数据模型均具备综合反演土壤属性的能力，且以 CR 光谱变换为自变量的面板数据模型对土壤属性的预测具备较高的精度。

基于偏最小二乘法，以六种光谱变换的光谱显著特征波段为自变量，构建新郑市高标准基本农田建设区域的土壤属性反演模型。土壤 SOM 的最佳模型为以 FD 光谱变换为自变量的偏最小二乘模型，土壤 AN、Cd 和 Cu 的最佳模型为以 LOG 光谱变换为自变量的偏最小二乘模型为最佳模型，土壤 AK 和 Fe 的最佳模型为以 MSC 光谱变换为自变量的偏最小二乘模型，土壤 Pb 的最佳模型为以 SD 光谱变换为自变量的偏最小二乘模型。

通过对比面板数据模型和偏最小二乘模型的预测结果及精度可知，两种模型对土壤属性的预测均达到了较高的精度，而面板数据模型在模糊聚类最大树法确定土壤共用最佳波段的基础上，通过一次建模可以综合反演多种土壤属性且精度更高。

第四，参考高标准基本农田标准和河南省地方政策标准，提出了适宜新郑市高标准基本农田建设的土壤属性的建议标准。基于构建的最佳反演模型，并根据提出的新郑市高标准基本农田建设的建议标准进行分级。

通过构建的基于模糊线性隶属函数和主成分法的土壤属性综合评价模型，得到新郑市高标准基本农田建设区域的土壤属性综合指标值，研究区土壤质量呈现南高北低趋势。开展新郑市高标准基本农田建设区域优选，Ⅰ级区域为优先建设区，基本具备新郑市高标准基本农田建设要求，区域面积为 16953.7253hm^2，占基本农田面积的 45.72%，主要分布在低山丘陵区的辛店镇，平原高效区的观音寺镇南部、梨河镇、新村镇，以及沙丘岗区的八千乡南部、孟庄镇北部、龙王乡的部分区域。Ⅱ级区域为有条件建设区，即通过稍加整治可达到新郑市高标准基本农田建设要求，区域面积为 15231.73378hm^2，占基本农田面积的 41.07%，主要分布在低山丘陵区的郭店镇，平原高效区的城关乡和观音寺镇中部，以及沙丘岗区的八千乡南部等区域。Ⅲ级区域为限制建设区，未达到新郑市高标准基本农田建设要求，区域面积为 4899.7844hm^2，占基本农田面积的 13.21%，主要分布在低山丘陵区的龙湖镇和平原高效区的辛店镇中部。对比实测值分区结果验证了高光谱反演模型可以用于新郑市高标准基本农田建设区域优选，针对新郑市高标准基本农田建设区域的制约因素提出相应的对策建议。

6.2 研究创新点

第一，在相关分析选取各土壤属性的显著性波段的基础上，采用模糊聚类最大树法，分别遴选六种光谱变换下的 11 种土壤属性的共用显著性波段作为最佳高光谱特征波段。

第二，构建了基于面板数据模型的土壤属性综合反演模型，精度检验结果显示，以六种光谱变换为自变量的面板数据模型均具备综合反演土壤 pH 值、SOM、AN、AP、AK、Fe、Cr、Cd、Zn、Cu、Pb 共 11 种土壤属性的能力，且检验精度较高。

第三，参考高标准基本农田相关国家标准和河南省地方政策标准，提出了适宜新郑市高标准基本农田建设的土壤属性的建议标准，并根据此标准进行新郑市高标准基本农田建设区域优选。

6.3 未来展望

第一，虽然本书对土壤养分信息（土壤 pH 值、SOM、AN、AP、AK、Fe、Cr、Cd、Zn、Cu、Pb）的高光谱反演方法进行了较为深入的研究，并取得了一些成果，但是由于人力、物力及特殊天气状况、时间的限制，土壤水分、微量元素等指标还需进一步深入研究，以便利用高光谱遥感更加全面的监测高标准基本农田建设区域信息。

第二，本书对土壤属性的研究仅使用了地物高光谱仪获取的数据，未来可以考虑结合成像与非成像高光谱遥感数据源，地面、低空无人机遥感数据源进行研究，达到区域尺度上建立土壤基础信息的高光谱反演模型，以便在区域尺度上对高标准基本农田建设区域进行监测。

第三，本书对高标准基本农田建设区域的划定仅针对土壤养分、土壤生态环境等指标，未来可以在完善区域基础信息的基础上，结合高标准基本农田的田间工程建设情况、田间基础设施配套情况、当地气候及粮食产量等信息，多方面综合评价高标准基本农田建设区域。

参考文献

［1］GB 15618-2008，土壤环境质量标准［S］.

［2］GB/T 30600-2022，高标准农田建设通则［S］.

［3］GB/T 33130-2016，高标准农田建设评价规范［S］.

［4］NY/T 2148-2012，高标准农田建设标准［S］.

［5］TD/T 1032-2011，基本农田划定技术规程［S］.

［6］鲍士旦．土壤农化分析［M］．北京：中国农业出版社，2000.

［7］蔡海辉，彭杰，柳维扬，罗德芳，王玉珍，白建铎，白子金．基于棉田原位高光谱数据的土壤 pH 值反演与制图研究［J］．水土保持通报，2021，41（4）：189-195.

［8］常葵艳，张莹，陈庆丰．辽西北某地高标准基本农田建设研究［J］．北京农业，2014（24）：193-194.

［9］陈红艳，赵庚星，李希灿，等．基于 DWT-GA-PLS 的土壤碱解氮含量高光谱估测方法［J］．应用生态学报，2013（11）：3185-3191.

［10］陈红艳，赵庚星，李希灿，等．小波分析用于土壤速效钾含量高光谱估测研究［J］．中国农业科学，2012a，45（7）：1425-1431.

［11］陈红艳．土壤主要养分含量的高光谱估测研究［D］．山东农业大学博士学位论文，2012b.

［12］陈天才，廖和平，李涛，等．高标准基本农田建设空间布局和时序安排研究［J］．中国农学通报，2015，31（1）：191-196.

［13］陈奕云．基于可见—近红外光谱的土壤部分重金属含量提取［D］．武汉大学博士学位论文，2011.

［14］陈元鹏，张世文，罗明，等．基于高光谱反演的复垦区土壤重金属含量经验模型优选［J］．农业机械学报，2019，50（1）：170-179.

［15］程朋根，吴剑，李大军，等．土壤有机质高光谱遥感和地统计定量预

测 [J]. 农业工程学报, 2009 (3): 142-147.

[16] 褚小立. 化学计量学方法与分子光谱分析技术 [M]. 北京: 化学工业出版社, 2011.

[17] 崔旭. 浅析高标准基本农田建设中需要解决的几个问题 [J]. 国土资源, 2013 (3): 48-49.

[18] 崔勇, 刘志伟. 基于 GIS 的北京市怀柔区高标准基本农田建设适宜性评价研究 [J]. 中国土地科学, 2014, 28 (9): 11.

[19] 邓昀, 牛照文, 冯琦尧, 等. 改进时间卷积网络的红壤有机质高光谱预测模型 [J]. 光谱学与光谱分析, 2023, 43 (9): 2942-2951.

[20] 丁庆龙, 门明新. 基于生态导向的基本农田空间配置研究——以河北省卢龙县为例 [J]. 中国生态农业学报, 2014, 22 (3): 342-348.

[21] 丁喜莲, 许庆福, 魏鲁, 等. 市域高标准基本农田重点区域划定方法探讨——以山东省日照市为例 [J]. 山东国土资源, 2014, 30 (3): 26.

[22] 杜春梅, 蒲长青, 田波, 等. 高标准基本农田地力建设研究 [J]. 中国农业信息, 2014 (7): 109.

[23] 樊彦国, 侯春玲, 朱浩, 等. 基于 BP 神经网络的盐渍土盐分遥感反演模型研究 [J]. 地理与地理信息科学, 2010, 26 (6): 24-28.

[24] 方勘先, 严飞. 丘陵区高标准基本农田建设条件及潜力分析 [J]. 西南师范大学学报 (自然科学版), 2014, 39 (3): 122-129.

[25] 冯锐, 吴克宁, 王倩. 四川省中江县高标准基本农田建设时序与模式分区 [J]. 农业工程学报, 2012, 28 (22): 243-251.

[26] 耿令朋. 高光谱数据在土壤有机质填图中的应用 [D]. 中国地质大学硕士学位论文, 2012.

[27] 龚绍琦, 王鑫, 沈润平, 等. 滨海盐土重金属含量高光谱遥感研究 [J]. 遥感技术与应用, 2010 (2): 169-177.

[28] 关喻洪, 李巧云, 孔祥斌. 生态型高标准基本农田划定研究——以唐山市滦县为例 [J]. 湖南农业科学, 2014 (10): 21.

[29] 官晓. 基于多种模型的土壤有机质含量填图应用研究 [D]. 中国地质大学硕士学位论文, 2014.

[30] 郭贝贝, 金晓斌, 杨绪红, 等. 基于农业自然风险综合评价的高标准基本农田建设区划定方法研究 [J]. 自然资源学报, 2014, 29 (3): 377-386.

［31］郭斌，白昊睿，张波，等．基于 RF 和连续小波变换的露天煤矿土壤锌含量高光谱遥感反演［J］．农业工程学报，2022，38（10）：138-147.

［32］郭斗斗，黄绍敏，张水清，等．多种潮土有机质高光谱预测模型的对比分析［J］．农业工程学报，2014，30（21）：192-200.

［33］郭凤玉，马立军．高标准基本农田建设时序与模式研究——以河北省卢龙县为例［J］．江苏农业科学，2014a，42（6）：310-313.

［34］郭凤玉，马立军．县域高标准基本农田建设潜力分区研究［J］．湖北农业科学，2014b，53（10）：2287-2289.

［35］郭燕．农田多源信息获取与空间变异表征研究［D］．浙江大学博士学位论文，2013.

［36］韩春兰，刘庆川，么欣欣，等．辽宁省清原县高标准基本农田建设类型分区研究［J］．土壤通报，2013，44（5）：1041-1046.

［37］韩佳，李婧，李海鹰，白建军．基于 GIS 的平定县高标准农田耕地质量等级评价研究［J］．测绘标准化，2024，40（1）：96-102.

［38］韩帅，王铁生，徐雪海，等．昌图县高标准基本农田建设措施研究［J］．农业科技与装备，2013（6）：103-104.

［39］韩兆迎，朱西存，刘庆，等．黄河三角洲土壤有机质含量的高光谱反演［J］．植物营养与肥料学报，2014（6）：1545-1552.

［40］何挺，王静，程烨，等．土壤氧化铁光谱特征研究［J］．地理与地理信息科学，2006，22（2）：30-34.

［41］何挺，王静，林宗坚，等．土壤有机质光谱特征研究［J］．武汉大学学报（信息科学版），2006，31（1）：975.

［42］贺军亮，蒋建军，周生路，等．土壤有机质含量的高光谱特性及其反演［J］．中国农业科学，2007，40（3）：638-643.

［43］胡邦红，叶猛，王东东．赫章县德卓、河镇乡 2013 年高标准基本农田建设研究［J］．吉林农业（下半月），2014（2）：13+15.

［44］胡业翠，吕小龙，赵国梁．四川省达县高标准基本农田建设规模与建设区域划定［J］．中国土地科学，2014，28（11）：30-38.

［45］黄寿海．高标准基本农田建设刍议——基于四川省邛崃市实例［J］．农村经济，2013（12）：21.

［46］黄玉娇，陈美球，刘志鹏．高标准基本农田建设面临困境与对策初探

[J]. 中国国土资源经济, 2013, 26 (11)：28-30.

[47] 季耿善, 徐彬彬. 土壤黏土矿物反射特性及其在土壤学上的应用 [J]. 土壤学报, 1987, 24 (1)：67-76.

[48] 江威. 武夷山地区土壤有机质高光谱模型建立与评价 [J]. 安徽农业科学, 2012, 40 (22)：11261-11263.

[49] 蒋建军, 徐军, 贺军亮, 等. 基于有机质诊断指数的土壤镉含量反演方法研究 [J]. 土壤学报, 2009, 46 (1)：177-182.

[50] 蒋烨林, 王让会, 李焱, 等. 艾比湖流域不同土地覆盖类型土壤养分高光谱反演模型研究 [J]. 中国生态农业学报, 2016, 24 (11)：1555-1564.

[51] 解宪丽, 孙波, 郝红涛. 土壤可见光—近红外反射光谱与重金属含量之间的相关性 [J]. 土壤学报, 2007, 44 (6)：982-993.

[52] 李发志, 孙华, 江廷美, 朱高立, 张建. 高标准基本农田建设区域时序划分 [J]. 农业工程学报, 2016, 32 (22)：251-258.

[53] 李洪兴, 汪培庄. 模糊数学 [M]. 北京：国防工业出版社, 1994.

[54] 李丽平. 关于辽宁建设高标准基本农田的思考 [J]. 农业经济, 2012 (8)：75-76.

[55] 李少帅, 郧文聚. 高标准基本农田建设存在的问题及对策 [J]. 资源与产业, 2012, 14 (3)：189-193.

[56] 李淑敏, 李红, 孙丹峰, 等. 利用光谱技术分析北京地区农业土壤重金属光谱特征 [J]. 土壤通报, 2011, 42 (3)：730-735.

[57] 李涛, 廖和平, 杨伟, 等. 大都市边缘区高标准基本农田潜力评价及建设模式研究——以重庆市渝北区为例 [J]. 西南师范大学学报（自然科学版）, 2013, 38 (5)：109-114.

[58] 李婷, 林爱文, 高云, 等. 高标准基本农田建设分区研究——以湖北省赤壁市为例 [J]. 江苏农业科学, 2015, 43 (2)：396-399.

[59] 李微, 李媛媛, 田彦, 等. 基于包络线法的滨海滩涂 PLSR 盐分模型研究 [J]. 海洋科学进展, 2014, 32 (4)：501-507.

[60] 李晓斌. 建设高标准基本农田的几点思考 [J]. 长治学院学报, 2013, 29 (6)：22-24.

[61] 李晓明, 王曙光, 韩霁昌. 基于 PLSR 的陕北土壤盐分高光谱反演 [J]. 国土资源遥感, 2014 (3)：113-116.

［62］李鑫龙. 基于地面实测光谱矿区土壤重金属元素含量反演研究 ［D］. 吉林大学硕士学位论文，2014.

［63］李旭青，顾会涛，丁雪瑶，等. 基于波谱响应特征的雄安新区农田土壤重金属含量反演 ［J］. 农业工程学报，2024，40（4）：121-128.

［64］李艳梅，唐冬冬，杨柳，等. 高标准基本农田建设规划及效益分析——以阜蒙县塔营子镇六家子村为例 ［J］. 吉林农业：学术版，2013（11）：33-33.

［65］李媛媛，李微，刘远，等. 基于高光谱遥感土壤有机质含量预测研究 ［J］. 土壤通报，2014，45（6）：1313-118.

［66］李志洪，赵兰坡，窦森. 土壤学 ［M］. 北京：化学工业出版社，2005.

［67］梁伟峰，刘娜. 高标准基本农田建设中应注意几个要点 ［J］. 中国集体经济，2012，16（4）：3-4.

［68］廖涛，赵志磊，张建飞，等. 基于双层评价的高标准农田建设评价研究 ［J］. 农业与技术，2023，43（21）：169-171.

［69］林楠，刘翰霖，孟祥发，等. 基于高光谱的黑土区土壤重金属含量估测 ［J］. 农业机械学报，2021，52（3）：218-225.

［70］林勇刚，陈凌静，王锐. 重庆城市发展新区高标准基本农田建设适宜性评价研究——以潼南县柏梓镇为例 ［J］. 江西农业学报，2015，27（2）：111-115.

［71］刘春芳，乌亚汗，王川. 基于生态服务功能提升的高标准农田建设的分区方法 ［J］. 农业工程学报，2018，34（15）：264-272+313.

［72］刘飞，方源敏. 云南省临沧市高标准基本农田的建设研究 ［J］. 河南科学，2014，32（3）：376-380.

［73］刘焕军，张新乐，郑树峰，等. 黑土有机质含量野外高光谱预测模型 ［J］. 光谱学与光谱分析，2010，30（12）：3355-3358.

［74］刘建生，郧文聚，赵小敏，等. 基于差距度与投资度的高标准基本农田建设研究与应用 ［J］. 中国人口·资源与环境，2014，24（3）：47-53.

［75］刘洁，刘名冲. 县域高标准基本农田建设类型评价划分——以河北省卢龙县为例 ［J］. 江苏农业科学，2013，41（8）：319-322.

［76］刘磊，沈润平，丁国香. 基于高光谱的土壤有机质含量估算研究 ［J］. 光谱学与光谱分析，2011，31（3）：762-766.

［77］刘琦，林怀忠，陈纯．模糊聚类的最大树算法在 Web 页面分类中的应用［J］．计算机应用研究，2004（11）：286-287.

［78］刘伟，赵众，袁洪福，等．光谱多元分析校正集和验证集样本分布优选方法研究［J］．光谱学与光谱分析，2014（4）：947-951.

［79］刘新卫，李景瑜，赵崔莉．建设 4 亿亩高标准基本农田的思考与建议［J］．中国人口·资源与环境，2012，22（3）：1-5.

［80］刘秀英，王力，常庆瑞，等．基于相关分析和偏最小二乘回归的黄绵土土壤全氮和碱解氮含量的高光谱预测［J］．应用生态学报，2015，26（7）：2107-2114.

［81］龙雨涵，杨朝现，程相友，等．西南丘陵区高标准基本农田建设潜力测算及模式探讨［J］．西南师范大学学报（自然科学版），2014，39（7）：144-150.

［82］卢艳丽，白由路，王磊，等．黑土土壤中全氮含量的高光谱预测分析［J］．农业工程学报，2010（1）：256-261.

［83］卢艳丽，白由路，杨俐苹，等．东北平原不同类型土壤有机质含量高光谱反演模型同质性研究［J］．植物营养与肥料学报，2011，17（2）：456-463.

［84］卢艳丽，白由路，杨俐苹，等．基于高光谱的土壤有机质含量预测模型的建立与评价［J］．中国农业科学，2007，40（9）：1989-1995.

［85］栾福明，熊黑钢，王芳，等．荒漠—绿洲交错带土壤 N、P、K 含量的高光谱反演模型［J］．中国沙漠，2014，34（5）：1320-1328.

［86］栾福明，张小雷，熊黑钢，等．基于不同模型的土壤有机质含量高光谱反演比较分析［J］．光谱学与光谱分析，2013（1）：196-200.

［87］罗华艳，杨旺彬，冯洁．高标准基本农田建设潜力区研究——以钦州市钦北区为例［J］．安徽农业科学，2013，41（29）：72.

［88］马驰．基于 HJ1A-HSI 反演松嫩平原土壤盐分含量［J］．干旱区研究，2014（2）：226-230.

［89］马立军，郭凤玉．高标准基本农田建设时序与模式［J］．湖北农业科学，2014，53（11）：2661-2666.

［90］马伟波，谭琨，李海东，等．基于超限学习机的矿区土壤重金属高光谱反演［J］．生态与农村环境学报，2016，32（2）：213-218.

［91］马雪莹，邵景安，曹飞．重庆山区县域高标准基本农田建设综合成效

评估——以重庆市垫江县为例 [J]. 自然资源学报，2018，33（12）：2183-2199.

[92] 毛继华，赵恒谦，金倩，等. 河北铅锌尾矿库区土壤重金属含量高光谱反演方法对比 [J]. 农业工程学报，2023，39（22）：144-156.

[93] 梅安新，彭望琭，秦其明，等. 遥感导论 [M]. 北京：高等教育出版社，2001.

[94] 尼加提·卡斯木，茹克亚·萨吾提，师庆东，等. 基于优化光谱指数的土壤有机质含量估算 [J]. 农业机械学报，2018，49（11）：155-163.

[95] 庞国锦，王涛，孙家欢，等. 基于高光谱的民勤土壤盐分定量分析 [J]. 中国沙漠，2014（4）：1073-1079.

[96] 彭杰，向红英，周清，等. 土壤氧化铁的高光谱响应研究 [J]. 光谱学与光谱分析，2013（2）：502-506.

[97] 彭杰，张杨珠，庞新安，等. 新疆南部土壤有机质含量的高光谱特征分析 [J]. 干旱区地理，2010（5）：740-746.

[98] 彭杰，周清，张杨珠，等. 有机质对土壤光谱特性的影响研究 [J]. 土壤学报，2013，50（3）：517-524.

[99] 彭玉魁，张建新，何绪生，等. 土壤水分、有机质和总氮含量的近红外光谱分析研究 [J]. 土壤学报，1998，35（4）：553-559.

[100] 祁亚琴，吕新，邵玉林，等. 基于高光谱数据的土壤有机质含量预测研究 [J]. 新疆农业科学，2014a，51（7）：1300-1305.

[101] 祁亚琴，吕新，邵玉林，等. 基于高光谱数据提取土壤养分信息的研究进展 [J]. 中国农学通报，2014b（12）：28-31.

[102] 钱凤魁，王秋兵，李娜. 基于耕地质量与立地条件综合评价的高标准基本农田划定 [J]. 农业工程学报，2015，31（18）：225-232.

[103] 乔璐. 基于高光谱数据和MODIS影像的土壤特性的定量估算 [D]. 东北林业大学博士学位论文，2013.

[104] 任红艳，庄大方，邱冬生，等. 矿区农田土壤砷污染的可见-近红外反射光谱分析研究 [J]. 光谱学与光谱分析，2009，29（1）：114-118.

[105] 邵丰收，周皓韵. 河南省主要元素的土壤环境背景值 [J]. 河南农业，1998（10）：28.

[106] 邵明安，王全九，黄明斌. 土壤物理学 [M]. 北京：高等教育出版

社，2006.

[107] 沈明，陈飞香，苏少青，等．省级高标准基本农田建设重点区域划定方法研究——基于广东省的实证分析［J］．中国土地科学，2012，26（7）：28-33.

[108] 沈强，张世文，葛畅，等．矿业废弃地重构土壤重金属含量高光谱反演［J］．光谱学与光谱分析，2019，39（4）：1214-1220.

[109] 沈润平，丁国香，魏国栓，等．基于人工神经网络的土壤有机质含量高光谱反演［J］．土壤学报，2009（3）：391-397.

[110] 宋练，简季，谭德军，等．万盛采矿区土壤 As、Cd、Zn 重金属含量光谱测量与分析［J］．光谱学与光谱分析，2014，34（3）：812-817.

[111] 宋文，吴克宁，张敏，等．基于村域耕地质量均匀度的高标农田建设时序分区［J］．农业工程学报，2017，33（9）：250-259.

[112] 孙敬水．计量经济学学习指导与 EViews 应用指南［M］．北京：清华大学出版社，2010：372-380.

[113] 孙茜，牛海鹏，雷国平，赵玉领，张捍卫，张合兵．高标准农田建设区域划定与项目区选址研究［J］．农业机械学报，2016，47（12）：337-346.

[114] 孙宇，高明，莫建兵，郑杰炳，李慧敏．西南丘陵区高标准基本农田建设区域划定研究——以重庆市铜梁区为例［J］．中国土地科学，2016，30（3）：20-28+87+97.

[115] 孙媛，贾萍萍，尚天浩，张俊华．基于地表高光谱与 OLI 影像的土壤含盐量和 pH 值估测［J］．干旱地区农业研究，2021，39（1）：164-174.

[116] 谭建金，褚虹杏，廖善刚，等．晋江市高标准基本农田建设时序与模式分区［J］．福建师范大学学报（自然科学版），2014，30（6）：16.

[117] 谭少军，邵景安，张琳，李春梅，蒋佳佳．西南丘陵区高标准基本农田建设适宜性评价与选址——以重庆市垫江县为例［J］．资源科学，2018，40（2）：310-325.

[118] 汤峰，徐磊，张蓬涛，等．县域高标准基本农田建设适宜性评价与优先区划定［J］．农业工程学报，2019，35（21）：242-251.

[119] 汤国安，杨昕．ArcGIS 地理信息系统空间分析实验教程［M］．北京：科学出版社，2006.

[120] 唐海涛，孟祥添，苏循新，等．基于 CARS 算法的不同类型土壤有机

质高光谱预测［J］. 农业工程学报，2021，37（2）：105-113.

［121］唐秀美，潘瑜春，刘玉，等. 基于四象限法的县域高标准基本农田建设布局与模式［J］. 农业工程学报，2014，30（13）：238-246.

［122］滕靖，何政伟，倪忠云，等. 西范坪矿区土壤铜元素的高光谱响应与反演模型研究［J］. 光谱学与光谱分析，2016，36（11）：3637-3642.

［123］童庆禧，张兵，郑兰芬，等. 高光谱遥感——原理、技术与应用［M］. 北京：高等教育出版社，2006.

［124］汪培庄. 模糊集合论及其应用［M］. 上海：上海科技出版社，1983.

［125］王超，冯美臣，杨武德，等. 麦田耕作层土壤有机质的高光谱监测［J］. 山西农业科学，2014，42（8）：869-873.

［126］王晨，汪景宽，李红丹，等. 高标准基本农田区域分布与建设潜力研究［J］. 中国人口·资源与环境，2014，24（S2）：226-229.

［127］王翠婷，童童，汤萌萌，等. 基于莫兰指数的丘陵地区高标准农田建设时序分区——以安徽省滁州市凤阳县为例［J］. 江苏农业学报，2024，40（1）：83-92.

［128］王海峰，张智韬，等. 基于灰度关联-岭回归的荒漠土壤有机质含量高光谱估算［J］. 农业工程学报，2018，34（14）：124-131.

［129］王慧文. 偏最小二乘回归方法及其应用［M］. 北京：国防工业出版社，1999.

［130］王建国，杨林章，单艳红. 模糊数学在土壤质量评价中的应用研究［J］. 土壤学报，2001，38（2）：176-183.

［131］王凯龙，熊黑钢，张芳. 基于 PLSR-BP 复合模型的绿洲土壤 pH 高光谱反演［J］. 干旱区研究，2014a（6）：1005-1009.

［132］王凯龙，熊黑钢，张芳. 基于高光谱数据预测土壤碱化程度最佳模型及其影响因素的研究［J］. 土壤，2014b，46（3）：544-549.

［133］王莉雯，卫亚星. 湿地土壤全氮和全磷含量高光谱模型研究［J］. 生态学报，2016，36（16）：5116-5125.

［134］王丽娜，朱西存，刘庆，等. 黄河三角洲盐碱土盐分的高光谱定量估测研究［J］. 土壤通报，2013，44（5）：1101-1106.

［135］王利香，刘峻岭，刘丽丽，等. 天津市高标准基本农田建设相关问题思考［J］. 中国房地产（学术版），2013（10）：54-57.

［136］王娜娜，齐伟，宋萍，等．山东滨海盐土盐分含量高光谱特性及其反演研究［J］．土壤通报，2013（5）：1096-1100.

［137］王乾龙，李硕，卢艳丽，等．基于大样本土壤光谱数据库的氮含量反演［J］．光学学报，2014（9）：308-314.

［138］王维，沈润平，吉曹翔．基于高光谱的土壤重金属铜的反演研究［J］．遥感技术与应用，2011（3）：348-354.

［139］王喜晨，白石，王殿卿．吉林省松原市高标准基本农田建设调查［J］．吉林农业，2010（11）：31-32.

［140］王小攀，郑晓坡，刘福江，等．高光谱遥感土壤有机质含量信息提取与分析［J］．地理空间信息，2012，10（5）：75-78.

［141］王晓青，史文娇，孙晓芳，等．黄淮海高标准农田建设项目综合效益评价及区域差异［J］．农业工程学报，2018，34（16）：238-248+300.

［142］王晓燕．基于 GIS 的丘陵山地区高标准基本农田建设选址与规划设计研究——以重庆市南州区为例［D］．西南大学硕士学位论文，2013.

［143］王新盼，姜广辉，张瑞娟，等．高标准基本农田建设区域划定方法［J］．农业工程学报，2013，29（10）：241-250.

［144］王怡婧，陈睿华，张俊华，丁启东，李小林．基于分数阶微分技术的土壤水盐信息高光谱反演［J］．应用生态学报，2023，34（5）：1384-1394.

［145］王云仙，王考，郝润梅，等．基于地形部位的高标准农田建设区划定研究—以内蒙古自治区和林格尔县为例［J］．内蒙古师范大学学报（自然科学汉文版），2023，52（6）：578-587.

［146］王增刚．GIS 在高标准基本农田建设中的应用研究——以江西省进贤县为例［D］．江西农业大学硕士学位论文，2013.

［147］王重波．志丹县高标准基本农田建设靶区选择研究［D］．长安大学硕士学位论文，2013.

［148］魏明宇，金凤，任家强．高标准基本农田建设规划设计及效益分析——以辽阳县小北河镇东月河等村为例［J］．吉林农业（下半月），2013（4）：46-46.

［149］魏娜，姚艳敏，陈佑启．高光谱遥感土壤质量信息监测研究进展［J］．中国农学通报，2008（10）：491-496.

［150］翁永玲，戚浩平，方洪宾，等．基于 PLSR 方法的青海茶卡-共和盆

地土壤盐分高光谱遥感反演 [J]. 土壤学报, 2010 (6)：1255-1263.

[151] 吴才武, 张月丛, 夏建新. 基于地统计与遥感反演相结合的有机质预测制图研究 [J]. 土壤学报, 2016 (2)：1-12.

[152] 吴昀昭. 南京城郊农业土壤重金属污染的遥感地球化学基础研究 [D]. 南京大学博士学位论文, 2005.

[153] 吴明珠, 李小梅, 沙晋明. 亚热带红壤全氮的高光谱响应和反演特征研究 [J]. 光谱学与光谱分析, 2013 (11)：3111-3115.

[154] 吴明珠, 李小梅, 沙晋明. 亚热带土壤铬元素的高光谱响应和反演模型 [J]. 光谱学与光谱分析, 2014 (6)：1660-1666.

[155] 武彦清, 张柏, 宋开山, 等. 松嫩平原土壤有机质含量高光谱反演研究 [J]. 中国科学院研究生院学报, 2011, 28 (2)：187-194.

[156] 夏芳, 彭杰, 王乾龙, 等. 基于省域尺度的农田土壤重金属高光谱预测 [J]. 红外与毫米波学报, 2015, 34 (5)：593-598.

[157] 夏学齐, 季峻峰, 陈骏, 等. 土壤理化参数的反射光谱分析 [J]. 地学前缘, 2009, 16 (4)：354-362.

[158] 信桂新, 杨朝现, 杨庆媛, 等. 用熵权法和改进 TOPSIS 模型评价高标准基本农田建设后效应 [J]. 农业工程学报, 2017, 33 (1)：238-249.

[159] 邢贺群, 孟凡奎, 苏里, 等. 东北低山丘陵区高标准农田区域划定及建设模式研究——以黑龙江省依兰县为例 [J]. 干旱地区农业研究, 2015 (3)：231-237.

[160] 熊昌盛, 谭荣, 岳文泽. 基于局部空间自相关的高标准基本农田建设分区 [J]. 农业工程学报, 2015, 31 (22)：276-284.

[161] 徐搏, 李淑杰, 王雨虹, 等. 高标准基本农田建设重点区域认定研究——以长春市为例 [J]. 安徽农业科学, 2013, 41 (25)：10528-10530.

[162] 徐驰, 曾文治, 伍靖伟, 等. 内蒙古河套灌区土壤含盐量和 pH 高光谱反演研究 [J]. 灌溉排水学报, 2013 (3)：39-43.

[163] 徐金鸿, 徐瑞松, 夏斌, 等. 土壤遥感监测研究进展 [J]. 水土保持研究, 2006, 13 (2)：17-20.

[164] 徐丽华, 谢德体, 魏朝富, 等. 紫色土土壤全氮和全磷含量的高光谱遥感预测 [J]. 光谱学与光谱分析, 2013 (3)：33.

[165] 徐明星, 吴绍华, 周生路, 等. 重金属含量的高光谱建模反演：考古

土壤中的应用［J］. 红外与毫米波学报，2011，30（2）：109-114.

［166］徐永明，蔺启忠，黄秀华，等. 利用可见光/近红外反射光谱估算土壤总氮含量的实验研究［J］. 地理与地理信息科学，2005（1）：19-22.

［167］薛剑，韩娟，张凤荣，等. 高标准基本农田建设评价模型的构建及建设时序的确定［J］. 农业工程学报，2014，30（5）：193-203.

［168］亚森江·喀哈尔，茹克亚·萨吾提，尼加提·卡斯木，等. 优化光谱指数的露天煤矿区土壤重金属含量估算［J］. 光谱学与光谱分析，2019，39（8）：2486-2494.

［169］杨建宇，杜贞容，杜振博，等. 基于耕地质量评价和局部空间自相关的高标准农田划定［J］. 农业机械学报，2017，48（6）：109-115.

［170］杨伟，谢德体，廖和平，等. 基于高标准基本农田建设模式的农用地整治潜力分析［J］. 农业工程学报，2013，29（7）：219-229.

［171］杨小川，胡传景. 提高耕地质量保障粮食安全——关于建设高标准基本农田的思考［J］. 广东土地科学，2013，12（6）：11-15.

［172］杨绪红，金晓斌，郭贝贝，等. 基于最小费用距离模型的高标准基本农田建设区划定方法［J］. 南京大学学报（自然科学版），2014，50（2）：202-210.

［173］杨扬，高小红，贾伟，等. 三江源区不同土壤类型有机质含量高光谱反演［J］. 遥感技术与应用，2015，30（1）：186-198.

［174］杨扬. 三江源区土壤全氮、全碳和碳氮比的高光谱反演［D］. 青海师范大学硕士学位论文，2014.

［175］姚荣江，杨劲松，陈小兵，等. 苏北海涂围垦区土壤质量模糊综合评价［J］. 中国农业科学，2009，42（6）：2019-2027.

［176］姚艳敏，魏娜，唐鹏钦，等. 黑土土壤水分高光谱特征及反演模型［J］. 农业工程学报，2011，27（8）：95-100.

［177］游浩辰. 林地土壤有机碳遥感反演及空间分异研究［D］. 福建农林大学硕士学位论文，2012.

［178］于雷，洪永胜，耿雷，等. 基于偏最小二乘回归的土壤有机质含量高光谱估算［J］. 农业工程学报，2015，31（14）：103-109.

［179］于雷，洪永胜，周勇，等. 连续小波变换高光谱数据的土壤有机质含量反演模型构建［J］. 光谱学与光谱分析，2016，36（5）：1428-1433.

［180］玉米提·买明，王雪梅．连续小波变换的土壤有机质含量高光谱估测［J］．光谱学与光谱分析，2022，42（4）：1278-1284．

［181］袁中强，曹春香，鲍达明，等．若尔盖湿地土壤重金属元素含量的遥感反演［J］．湿地科学，2016，14（1）：113-116．

［182］曾吉彬，邵景安，谢德体．基于遥感影像的重庆高标准基本农田建设难度与时序分析［J］．农业工程学报，2018，34（23）：267-278．

［183］曾亚，赵伟，杨柳娇，等．城市周边高标准基本农田建设时序研究——以重庆市南岸区为例［J］．长江流域资源与环境，2020，29（2）：434-441．

［184］张合兵，赵素霞，陈宁丽，等．基于耦合协调度模型的高标准农田建设项目区优选研究［J］．农业机械学报，2018，49（8）：161-168．

［185］张佳佳，郭熙，赵小敏．南方丘陵稻田土壤全磷、有效磷高光谱特征与反演模型［J］．江苏农业科学，2016，44（7）：522-525．

［186］张娟娟，席磊，杨向阳，等．砂姜黑土有机质含量高光谱估测模型构建［J］．农业工程学报，2020，36（17）：135-141．

［187］张立福，张良培，村松加奈子，等．利用 MODIS 数据计算陆地植被指数 VIUPD［J］．武汉大学学报（信息科学版），2005，30（8）：699-702．

［188］张利．基于 Hyperion 高光谱数据的土壤盐渍化定量反演方法研究［D］．东南大学硕士学位论文，2010．

［189］张秋霞，张合兵，刘文锴，等．高标准基本农田建设区域土壤重金属含量的高光谱反演［J］．农业工程学报，2017a，33（12）：230-239．

［190］张秋霞，张合兵，张会娟，等．粮食主产区耕地土壤重金属高光谱综合反演模型［J］．农业机械学报，2017b，48（3）：148-155．

［191］张威．三江源区土壤重金属含量高光谱遥感反演研究——以玉树县为例［D］．青海师范大学硕士学位论文，2014．

［192］张效敏，黄辉玲．黑龙江省高标准基本农田建设项目绩效评价研究——基于耕地质量等级视角［J］．价值工程，2014，33（28）：88-90．

［193］张延良，刘佳佳，邹勇，等．乡村振兴背景下镇域高标准农田建设分区研究——以山东省滨州市阳信县商店镇为例［J］．山东国土资源，2023，39（7）：72-78．

［194］张忠，雷国平，张慧，等．黑龙江省"八五三农场"高标准基本农

田建设时序分析［J］. 经济地理, 2014（6）: 23.

［195］赵冬玲, 林尚纬, 张瑛, 等. 基于物元模型的高标准农田建设优先区划定方法［J］. 农业机械学报, 2018, 49（6）: 167-175.

［196］赵海龙, 甘淑, 袁希平, 等. 基于多尺度连续小波分解的土壤氧化铁反演［J］. 光学学报, 2022, 42（22）: 209-216.

［197］赵庆大, 张全玺. 因地制宜建设高标准基本农田［J］. 吉林农业, 2013（4）: 19.

［198］赵素霞, 牛海鹏, 张捍卫, 等. 基于生态位模型的高标准基本农田建设适宜性评价［J］. 农业工程学报, 2016, 32（12）: 220-228.

［199］赵素霞, 牛海鹏, 张合兵, 等. 高标准农田建设中耕地空间稳定性评价研究［J］. 农业机械学报, 2018, 49（7）: 119-126.

［200］赵振亮, 西甫拉提·特依拜, 丁建丽, 等. 新疆典型绿洲土壤电导率和 pH 值的光谱响应特征［J］. 中国沙漠, 2013（5）: 1413-1419.

［201］赵振庭, 孔祥斌, 张雪靓, 等. 基于多维超体积生态位的高标准生态农田建设分区方法［J］. 农业工程学报, 2022, 38（13）: 253-263.

［202］郑光辉, 周生路, 吴绍华. 土壤砷含量高光谱估算模型研究［J］. 光谱学与光谱分析, 2011, 31（1）: 173-176.

［203］郑光辉. 江苏部分地区土壤属性高光谱定量估算研究［D］. 南京大学博士学位论文, 2011.

［204］郑世杰, 陈英, 白志远, 等. 高标准基本农田建设精细评估——以临夏县北塬地区为例［J］. 中国农学通报, 2014, 30（9）: 39.

［205］钟毅, 陈超, 蒋凤慧. 高标准基本农田建设的几点思考［J］. 国土资源导刊（湖南）, 2012, 9（6）: 86-87.

［206］钟佐滨. 广东省东莞市高标准基本农田建设的问题与对策研究［J］. 北京农业, 2014（15）: 177.

［207］周萍. 高光谱土壤成分信息的量化反演［D］. 中国地质大学博士学位论文, 2006.

［208］周伟文. 基于经济发达地区高标准基本农田建设的探讨——以珠三角洲地区为例［J］. 中国农业信息, 2014（5）: 189-190.

［209］朱传民, 郝晋珉, 陈丽, 等. 基于耕地综合质量的高标准基本农田建设［J］. 农业工程学报, 2015, 31（8）: 233-242.

[210] 朱传民，黄雅丹，刘雨，等. 基于田间基础设施视角的曲周县高标准基本农田建设条件分析 [J]. 东华理工大学学报（社会科学版），2013，32（3）：308-310.

[211] 朱求安，张万昌，余钧辉. 基于 GIS 的空间插值方法研究 [J]. 江西师范大学学报（自然科学版），2004，28（2）：183-188.

[212] 卓荦. 基于高光谱遥感的土壤重金属空间分布研究 [D]. 武汉大学博士学位论文，2010.

[213] Bartholomeus H M, Schaepman M E, Kooistra L, et al. Spectral reflectance based indices for soil organic carbon quantification [J]. Geoderma, 2008, 145 (1): 28-36.

[214] Baumgardner M F, Kristof S, Johannsen C J, et al. Effects of organic matter on the multispectral properties of soils [C]. Proceedings of the Indiana Academy of Science, 1969, 79: 413-422.

[215] Baumgardner M F, Silva L F, Biehl L L, et al. Reflectance properties of soils [J]. Advances in Agronomy, 1985, 38: 1-44.

[216] Ben-Dor E, Banin A. Near-infrared analysis as a rapid method to simultaneously evaluate several soil properties [J]. Soil Science Society of America Journal, 1995, 59 (2): 364-372.

[217] Ben-Dor E, Patkin K, Banin A, et al. Mapping of several soil properties using DAIS-7915 hyperspectral scanner data—A case study over clayey soils in Israel [J]. International Journal of Remote Sensing, 2002, 23 (6): 1043-1062.

[218] Ben-Dor E, Inbar Y, Chen Y. The reflectance spectra of organic matter in the visible near-infrared and short wave infrared region (400 nm-2500 nm) during a controlled decomposilion process [J]. Remote Sensing of Environment, 1997, 61 (1): 1-15.

[219] Bernard G B, Didier B, Edmond H, et al. Determining the distributions of soil carbon and nitrogen in particle size fractions using near-infrared reflectance spectrum of bulk soil samples [J]. Soil Biology and Biochemistry, 2008, 40 (6): 1533-1537.

[220] Bilgili A V, Van Es H M, Akbas F, et al. Visible-near infrared reflectance spectroscopy for assessment of soil properties in a semi-arid area of Turkey [J].

Journal of Arid Environments, 2010, 74 (2): 229-238.

[221] Bowers S A, Smith S J. Spectrophotometric determination of soil water content [J]. Soil Science Society of America Journal, 1972, 36 (6): 978-980.

[222] Bricklemyer R S, Brown D J. On-the-go VisNIR: Potential and limitations for mapping soil clay and organic carbon [J]. Computers and Electronics in Agriculture, 2010, 70 (1): 209-216.

[223] Brown D J, Bricklemyer R S, Miller P R. Validation requirements for diffuse reflectance soil characterization models with a case study of VNIR soil C prediction in Montana [J]. Geoderma, 2005, 129 (3): 251-267.

[224] Cambule A H, Rossiter D G, Stoorvogel J J, et al. Building a near infrared spectral library for soil organic carbon estimation in the Limpopo National Park, Mozambique [J]. Geoderma, 2012, 183: 41-48.

[225] Chang C W, Laird D A. Near-infrared reflectance spectroscopic analysis of soil C and N [J]. Soil Science, 2002, 167 (2): 110-116.

[226] Chen F, Kissel D E, West L T, et al. Field-scale mapping of surface soil organic carbon using remotely sensed imagery [J]. Soil Science Society of America Journal, 2000, 64 (2): 746-753.

[227] Clark R N, Roush T L. Reflectance spectroscopy: Quantitative analysis technidues for remote sensing applications [J]. Journal of Geophysical Research: Solid Earth (1978-2012), 1984, 89 (B7): 6329-6340.

[228] Cozzolino D, Moron A. The potential of near-infrared reflectance spectroscopy to analyse soil chemical and physical characteristics [J]. The Journal of Agricultural Science, 2003, 140 (1): 65-71.

[229] Csillag F, Pásztor L, Biehl L L. Spectral band selection for the characterization of salinity status of soils [J]. Remote Sensing of Environment, 1993, 43 (3): 231-242.

[230] Cécillon L, Barthès B G, Gomez C, et al. Assessment and monitoring of soil quality using near-infrared reflectance spectroscopy (NIRS) [J]. European Journal of Soil Science, 2009, 60 (5): 770-784.

[231] Cécillon L, Certini G, Lange H, et al. Spectral fingerprinting of soil organic matter composition [J]. Organic Geochemistry, 2012, 46: 127-136.

[232] Dalal R C, Henry R J. Simultaneous determination of moisture, organic carbon, and total nitrogen by near infrared reflectance spectrophotometry [J]. Soil Science Society of America Journal, 1986, 50 (1): 120-123.

[233] Dehaan R L, Taylor G R. Field-derived spectra of salinized soils and vegetation as indicators of irrigation-induced soil salinization [J]. Remote Sensing of Environment, 2002, 80 (3): 406-417.

[234] Demattê J A M, Campos R C, Alves M C, et al. Visible-NIR reflectance: a new approach on soil evaluation [J]. Geoderma, 2004, 121 (1): 95-112.

[235] Demattê J A M, Fioriob P R, Ben-Dor E. Estimation of soil properties by orbital and laboratory reflectance means and its relation with soil classification [J]. Open Remote Sensing Journal, 2009, 2: 12-23.

[236] Demattê J A M, Sousa A A, Alves M C, et al. Determining soil water status and other soil characteristics by spectral proximal sensing [J]. Geoderma, 2006, 135: 179-195.

[237] Evangelou M W H, Ebel M, Schaeffer A. Chelate assisted phytoextraction of heavy metals from soil: Effect, mechanism, toxicity, and fate of chelating agents [J]. Chemosphere, 2007, 68 (6): 989-1003.

[238] Farifteh J, Van der Meer F, Atzberger C, et al. Quantitative analysis of salt-affected soil reflectance spectra: A comparison of two adaptive methods (PLSR and ANN) [J]. Remote Sensing of Environment, 2007, 110 (1): 59-78.

[239] Fox G A, Sabbagh G J. Estimation of soil organic matter from red and near-infrared remotely sensed data using a soil line Euclidean distance technique [J]. Soil Science Society of America Journal, 2002, 66 (6): 1922-1929.

[240] Galvao L S, Vitorello I. Role of organic matter in obliterating the effects of iron on spectral reflectance and colour of Brazilian tropical soils [J]. International Journal of Remote Sensing, 1998, 19 (10): 1969-1979.

[241] Gomez C, Rossel R A V, McBratney A B. Soil organic carbon prediction by hyperspectral remote sensing and field vis-NIR spectroscopy: An Australian case study [J]. Geoderma, 2008, 146 (3): 403-411.

[242] Gunsaulis F R, Kocher M F, Griffis C L. Surface structure effects on close-range reflectance as a function of soil organic matter content [J]. Transactions of

the ASAE (USA), 1991, 34 (2): 641-649.

[243] Hauff P L, Peters D C, Borstad G, et al. Hyperspectral investigations of mine waste and abandoned mine lands—The Dragon calibration site case study [C]. Summaries of the Ninth Annual JPL Airborne Earth Science Workshop, 2000, 2: 23-25.

[244] Henderson T L, Baumgardner M F, Franzmeier D P, et al. High dimensional reflectance analysis of soil organic matter [J]. Soil Science Society of America Journal, 1992, 56 (3): 865-872.

[245] Hummel J W, Sudduth K A, Hollinger S E. Soil moisture and organic matter prediction of surface and subsurface soils using an NIR soil sensor [J]. Computers and Electronics in Agriculture, 2001, 32 (2): 149-165.

[246] Kemper T, Sommer S. Estimate of heavy metal contamination in soils after a mining accident using reflectance spectroscopy [J]. Environmental Science & Technology, 2002, 36 (12): 2742-2747.

[247] Kooistra L, Wehrens R, Leuven R, et al. Possibilities of visible-near-infrared spectroscopy for the assessment of soil contamination in river floodplains [J]. Analytica Chimica Acta, 2001, 446 (1): 97-105.

[248] Krishnan P, Alexander J D, Butler B J, et al. Reflectance technique for predicting soil organic matter [J]. Soil Science Society of America Journal, 1980, 44 (6): 1282-1285.

[249] Landajo A, Arana G, de Diego A, et al. Analysis of heavy metal distribution in superficial estuarine sediments (estuary of Bilbao, Basque Country) by open-focused microwave-assisted extraction and ICP-OES [J]. Chemosphere, 2004, 56 (11): 1033-1041.

[250] Le N D, Zidek J V. Statistical Analysis of Environmental Space-Time Processes [M]. New York: Springer, 2006.

[251] Lu N, Zhang Z, Gao Y. Recognition and mapping of soil salinization in arid environment with hyperspectral data [C]. Geoscience and Remote Sensing Symposium, 2005. IGARSS'05 Proceedings. 2005 IEEE International, IEEE, 2005, 6: 4520-4523.

[252] Lu N, Zhang Z, Gao Y. Hyperspectral data recognition and mapping of

soil salinization in arid environment [C]//Conference on Remote Sensing and GIS Data Processing and Applications; and Innovative Multispectral Technology and Applications. 2007.

[253] Madeira J, Bedidi A, Cervelle B, et al. Visible spectrometric indices of hematite (Hm) and goethite (Gt) content in lateritic soils: the application of a Thematic Mapper (TM) image for soil‐mapping in Brasilia, Brazil [J]. International Journal of Remote Sensing, 1997, 18 (13): 2835-2852.

[254] Malley D F, Williams P C. Use of near‐infrared reflectance spectroscopy in prediction of heavy metals in freshwater sediment by their association with organic matter [J]. Environmental Science & Technology, 1997, 31 (12): 3461-3467.

[255] Malley D F, Yesmin L, Wray D, et al. Application of near‐infrared spectroscopy in analysis of soil mineral nutrients [J]. Communications in Soil Science & Plant Analysis, 1999, 30 (7-8): 999-1012.

[256] Montgomery, O. L. An investigation of the relationship between spectral reflectance and the chemical, physical and genetic characteristics of soils [J]. Purdue University, 1976.

[257] Morgan C L S, Waiser T H, Brown D J, et al. Simulated in situ characterization of soil organic and inorganic carbon with visible near‐infrared diffuse reflectance spectroscopy [J]. Geoderma, 2009, 151 (3): 249-256.

[258] Mouazen A M, Kuang B, De Baerdemaeker J, et al. Comparison among principal component, partial least squares and back propagation neural network analyses for accuracy of measurement of selected soil properties with visible and near infrared spectroscopy [J]. Geoderma, 2010, 158 (1): 23-31.

[259] Mouazen A M, Maleki M R, Cockx L, et al. Optimum three‐point linkage set up for improving the quality of soil spectra and the accuracy of soil phosphorus measured using an on‐line visible and near infrared sensor [J]. Soil and Tillage Research, 2009, 103 (1): 144-152.

[260] Mouazen A M, Maleki M R, De Baerdemaeker J, et al. On‐line measurement of some selected soil properties using a VIS‐NIR sensor [J]. Soil and Tillage Research, 2007, 93 (1): 13-27.

[261] Nanni M R, Demattê J A M. Spectral reflectance methodology in compari-

son to traditional soil analysis [J]. Soil Science Society of America Journal, 2006, 70 (2): 393-407.

[262] Nduwamungu C, Ziadi N, Tremblay G F, et al. Near-infrared reflectance spectroscopy prediction of soil properties: Effects of sample cups and preparation [J]. Soil Science Society of America Journal, 2009, 73 (6): 1896-1903.

[263] Nocita M, Stevens A, Noon C, et al. Prediction of soil organic carbon for different levels of soil moisture using Vis–NIR spectroscopy [J]. Geoderma, 2013 (199): 37-42.

[264] Nocita M, Stevens A, Toth G, et al. Prediction of soil organic carbon content by diffuse reflectance spectroscopy using a local partial least square regression approach [J]. Soil Biology and Biochemistry, 2014, 68: 337-347.

[265] Obukhov A I, Orlov D S. Spectral reflectivity of the major soil groups and possibility of using diffuse reflection in soil investigation [J]. Soviet Soil Science, 1964, 2 (2): 174-184.

[266] Patil A P, Gething P W, Piel F B, et al. Bayesian geostatistics in health cartography: the perspective of malaria [J]. Trends in Parasitology, 2011, 27 (6): 246.

[267] Patil A P, Huard D, Fonnesbeck C J. PyMC: Bayesian stochastic modelling in Python [J]. Journal of Statistical Software, 2010, 35 (4): 1-81.

[268] Pietrzykowski M, Chodak M. Near infrared spectroscopy—A tool for chemical properties and organic matter assessment of afforested mine soils [J]. Ecological Engineering, 2014, 62: 115-122.

[269] Ramirez Lopez L, Behrens T, Schmidt K, et al. The spectrum–based learner: A new local approach for modeling soil vis–NIR spectra of complex datasets [J]. Geoderma, 2013, 195: 268-279.

[270] Ramirez-Lopez L, Schmidt K, Behrens T, et al. Sampling optimal calibration sets in soil infrared spectroscopy [J]. Geoderma, 2014, 226: 140-150.

[271] Reeves J, McCarty G. The potential of NIRS as a tool for spatial mapping of soil compositions [C]. Near Infrared Reflectance International Conference Proceedings, 1999.

[272] Ren H Y, Zhuang D F, Pan J J, et al. Hyper-spectral remote sensing

to monitor vegetation stress [J]. Journal of Soils and Sediments, 2008, 8 (5): 323-326.

[273] Ren H, Zhuang D, Singh A N, et al. Estimation of As and Cu contamination in agricultural soils around a mining area by reflectance spectroscopy: A case study [J]. Pedosphere, 2009, 19 (6): 719-726.

[274] Rossel R A V, Taylor H J, Mcbratney A B. Multivariate calibration of hyperspectral γ-ray energy spectra for proximal soil sensing [J]. European Journal of Soil Science, 2007, 58: 343-353.

[275] Rossel R A V, Walvoort D J J, McBratney A B, et al. Visible, near infrared, mid infrared or combined diffuse reflectance spectroscopy for simultaneous assessment of various soil properties [J]. Geoderma, 2006, 131 (1): 59-75.

[276] Savitzhy A, Golay M J E. Smoothing and differentiation of data by simplifed least squares procedures [J]. Analytical Chemistry, 1964, 36 (8): 1627-1639.

[277] Shao Y, He Y. Nitrogen, phosphorus, and potassium prediction in soils, using infrared spectroscopy [J]. Soil Research, 2011, 49 (2): 166-172.

[278] Shi Ji-yong, Xiao-bo Z, Xiao-wei H, et al. Rapid detecting total acid content and classifying different types of vinegar based on near infrared spectroscopy and least-squares support vector machine [J]. Food Chemistry, 2013, 138 (1): 192-199.

[279] Shig R K, Park J S, Kim B J. Evaluation of rapid determination of phosphorous in soils by near infrared spectroscopy [C]. Proceedings of the 10th International Conference. Korean NIR publications, 2002, 403.

[280] Shrestha D P, Margate D E, Van der Meer F, et al. Analysis and classification of hyperspectral data for mapping land degradation: An application in southern Spain [J]. International Journal of Applied Earth Observation and Geoinformation, 2005, 7 (2): 85-96.

[281] Siebielec G, McCarty G W, Stuczynski T I, et al. Near- and mid-infrared diffuse reflectance spectroscopy for measuring soil metal content [J]. Journal of Environmental Quality, 2004, 33 (6): 2056-2069.

[282] Soriano Disla J M, Janik L, McLaughlin M J, et al. Prediction of the

concentration of chemical elements extracted by aqua regia in agricultural and grazing European soils using diffuse reflectance mid-infrared spectroscopy [J]. Applied Geochemistry, 2013, 39: 33-42.

[283] St Luce M, Ziadi N, Nyiraneza J, et al. Near infrared reflectance spectroscopy prediction of soil nitrogen supply in humid temperate regions of Canada [J]. Soil Science Society of America Journal, 2012, 76 (4): 1454-1461.

[284] Stevens A, Nocita M, Tóth G, et al. Prediction of soil organic carbon at the European scale by visible and near infrared reflectance spectroscopy [J]. PloS one, 2013, 8 (6): 1-13.

[285] Stoner E R, Baumgardner M F. Characteristic variations in reflectance of surface soils [J]. Soil Science Society of America Journal, 1981, 45 (6): 1161-1165.

[286] Tan K, Ye Y Y, Du P J, et al. Estimation of heavy metal concentrations in reclaimed mining soils using reflectance spectroscopy [J]. Spectroscopy and Spectral Analysis, 2014, 34 (12): 3317-3322.

[287] Tian Yongchao, Zhang J, Yao X, et al. Laboratory assessment of three quantitative methods for estimating the organic matter content of soils in China based on visible/near-infrared reflectance spectra [J]. Geoderma, 2013, 202: 161-170.

[288] Van Waes C, Mestdagh I, Lootens P, et al. Possibilities of near infrared reflectance spectroscopy for the prediction of organic carbon concentrations in grassland soils [J]. The Journal of Agricultural Science, 2005, 143 (6): 487-492.

[289] Vasques G M, Grunwald S, Harris W G. Spectroscopic models of soil organic carbon in Florida, USA [J]. Journal of Environmental Quality, 2010, 39 (3): 923-934.

[290] Vasques G M, Grunwald S, Sickman J O. Comparison of multivariate methods for inferential modeling of soil carbon using visible near-infrared spectra [J]. Geoderma, 2008, 146 (1): 14-25.

[291] Volkan B A, van Es H M, Akbas F, et al. Visible-near infrared reflectance spectroscopy for assessment of soil properties in a semi-arid area of Turkey [J]. Journal of Arid Environments, 2010, 74 (2): 229-238.

[292] Waiser T H, Morgan C L S, Brown D J, et al. In situ characterization of

soil clay content with visible near – infrared diffuse reflectance spectroscopy [J]. Soil Science Society of America Journal, 2007, 71 (2): 389-396.

[293] Wang Junjie, Cui Lijuan, Gao Wenxiu, et al. Prediction of low heavy metal concentrations in agricultural soils using visible and near – infrared reflectance spectroscopy [J]. Geoderma, 2014, 216, 1-9.

[294] Wenjun J, Shuo L, Songchao C, et al. Prediction of soil attributes using the Chinese soil spectral library and standardized spectra recorded at field conditions [J]. Soil and Tillage Research, 2016, 155: 492-500.

[295] Wu Y Z, Chen J, Ji J F, et al. Feasibility of reflectance spectroscopy for the assessment of soil mercury contamination [J]. Environmental Science & Technology, 2005a, 39 (3): 873-878.

[296] Wu Y Z, Chen J, Ji J F, et al. Possibilities of reflectance spectroscopy for the assessment of heavy metal contamination in suburban soils [J]. Applied Geochemistry, 2005b, 20, 1051-1059.

[297] Xiao Z Z, Li Y, Feng H. Hyperspectral models and forcasting of physico-chemical properties for salinized soils in Northwest China [J]. Spectroscopy and Spectral Analysis, 2016 (5): 1615-1622.

[298] Xueyu H. Application of visible near – infrared spectra in modeling of soil total phosphorus [J]. Pedosphere, 2013, 23 (4): 417-421.

[299] You J F, Xing L, Liang L, et al. Application of short – wave infrared (SWIR) spectroscopy in quantitative estimation of clay mineral contents [C]. IOP Conference Series: Earth and Environmental Science, 2014, 17 (1): 012256.

[300] Zornoza R, Guerrero C, Mataix-Solera J, et al. Near infrared spectroscopy for determination of various physical, chemical and biochemical properties in Mediterranean soils [J]. Soil Biology and Biochemistry, 2008, 40 (7): 1923-1930.